# TEMA 71

ESTUDIO DEL MOVIMIENTO. FUERZAS, EFECTOS SOBRE LOS CUERPOS. LEYES DE NEWTON. ESTÁTICA DE LOS CUERPOS RÍGIDOS. CONDICIONES DE EQUILIBRIO. ESTÁTICA DE FLUIDOS.

I0483910

# 0. INTRODUCCIÓN

*"Vamos a establecer una ciencia nueva sobre un tema muy antiguo. Tal vez no haya en la naturaleza nada más antiguo que el movimiento (...) entre sus propiedades encuentro muchas que no han sido observadas ni demostradas hasta ahora. Se ha fijado la atención en algunas, como por ejemplo que el movimiento natural de caída de los cuerpos se acelera continuamente; pero, sin embargo, no se ha hallado hasta ahora en qué proporción tiene lugar esta aceleración... Se ha observado que los proyectiles siguen una línea curva, pero nadie ha puesto en evidencia que dicha curva es una parábola..."*

Así expresaba Galileo Galilei, hace unos 400 años, la necesidad de describir los movimientos en el lenguaje de las reglas matemáticas precisas. Hemos avanzado en este proceso y, en la actualidad, buena parte del trabajo que se hizo a partir de esta época llega a nuestros estudiantes en forma de sencillas reglas, que no fueron tan obvias para todos en sus inicios, ni tan fáciles de sistematizar.

Esta tarea de explicar el movimiento y sus causas mediante ideas muy intuitivas que tienen un respaldo matemático, es lo que trataré de hacer en este ejercicio. Lo haré siguiendo el orden que cito a continuación... (es muy conveniente exponer con claridad, aquí al principio, el orden que se va a seguir, leer el índice de una forma ágil)

# 1. EL MOVIMIENTO, ¿CÓMO ES? ¿CÓMO PODEMOS DESCRIBIRLO? CINEMÁTICA

## 1.1. Conceptos iniciales

Antes de iniciar una descripción de los diferentes tipos de movimiento, comentaré que se trata de un fenómeno que sólo puede darse u observarse si aceptamos un **sistema de referencia**.

Un cuerpo se mueve cuando su posición cambia respecto a la de otros cuerpos, que consideramos fijos y denominamos sistema de referencia. En términos matemáticos, empleamos como referencia clásica el origen (punto 0,0,0) de un sistema de ejes cartesianos X, Y, Z y sobre él se definen las **magnitudes propias del movimiento, que son la posición, velocidad y aceleración**. A estas magnitudes harán referencia, por este orden, los siguientes apartados.

Antes señalar que, habitualmente, al analizar los movimientos de un cuerpo, consideramos que se mueve como un único punto, que denominamos **punto material** (para hacer referencia a que "contiene o representa a la materia de todo el cuerpo"). En adelante, emplearé indistintamente los términos punto material y partícula, ya que los sólidos rígidos pueden tratarse como partículas en este apartado concreto.

## 1.2. La posición de un cuerpo

Pueden emplearse **coordenadas cartesianas** (en las que cada componente hace referencia al valor de la proyección sobre un eje cartesiano correspondiente) o **coordenadas polares** (en las que se especifica un módulo o distancia desde el origen, y un par de ángulos que definen la dirección que seguiría un vector desde el origen al punto). Nótese que estoy considerando desde el principio de la exposición un espacio tridimensional. Algunas de las magnitudes empleadas para especificar la posición son magnitudes de distancia (las componentes cartesianas y el módulo en notación polar), por lo que **en el sistema internacional (SI) se expresarán en metros (m)**.

En ambos casos, la posición del punto queda definida por el vector que lo une al punto de referencia, el cual se denomina **vector de posición**. Este vector puede expresarse en forma de ecuación como la suma de tres vectores ortonormales multiplicados cada uno por la correspondiente componente x, y o z. En ocasiones, estas componentes pueden expresarse no como un número sino como una expresión dependiente del tiempo (por ejemplo, 8t/3). La ecuación que emplea estas coordenadas variables en el tiempo para describir el vector de posición se denomina **ecuación de posición**.

Según esta ecuación anterior, podemos obtener diferentes vectores posición en función del tiempo. Si unimos los extremos de estos vectores (es decir, las posiciones del punto material) hemos conseguido un trazado de la **trayectoria** seguida por el punto al moverse.

Si unimos con un vector el punto inicial y final de una trayectoria, tendremos el **vector desplazamiento**. Obviamente, éste será normalmente distinto de la trayectoria y no coincidirá con el **espacio recorrido** realmente por la partícula sino con la variación de su posición. Es decir, si por ejemplo una partícula parte del punto A y llega, tras una trayectoria circular, al punto de partida, el vector desplazamiento es nulo, la trayectoria es circular y el espacio recorrido es $2\pi R$ (siendo R el radio de la circunferencia descrita).

## 1.3. La velocidad

Una partícula puede cambiar de posición. Si para ello emplea mucho tiempo, diremos que su velocidad es baja, si utiliza poco tiempo diremos que va a gran velocidad. Así pues, **podemos definir la velocidad como la rapidez con la que una partícula varía su posición.**

En definitiva, esta **magnitud**, que es también **vectorial**, se puede calcular como el **cociente entre el vector desplazamiento y** una magnitud escalar que es **el tiempo** empleado en producir ese desplazamiento.

De esta ecuación se deduce que la **unidad de medida de la velocidad en el SI es el m/s**, una combinación de unidades.

Notar que, en algunos textos, se emplea el término celeridad para referirse al módulo del vector velocidad.

No es lo mismo la **velocidad media** que la **velocidad instantánea**. Por ejemplo, hay corredores de 100 metros lisos que han alcanzado velocidades instantáneas de ~43 km/h. Sin embargo, si el record mundial está unas centésimas por debajo de los 10 s, la velocidad promedio de estos mismos corredores no ha sido nunca superior a 37 km/h.

Definamos ambos conceptos con precisión…

- la velocidad media es el cociente entre el desplazamiento y el tiempo empleado en conseguirlo (en realidad, esta velocidad sólo es riguroso aplicarla en el estudio de movimientos rectilíneos, en los que el módulo del vector desplazamiento coincide con el espacio recorrido)

- la velocidad instantánea es exactamente lo mismo pero considerando que el intervalo de tiempo tiende a 0. Es una magnitud vectorial cuya dirección es tangente a la trayectoria en ese punto concreto y mantiene el sentido del movimiento.

Aunque la **velocidad instantánea** puede calcularse como la velocidad promedio en un tiempo muy corto, es más correcto calcularla como la **derivada del vector posición con respecto al tiempo.** En muchas ocasiones, esta forma de expresión agiliza los cálculos, lo que resulta crucial cuando se trata de calcular iterativamente millones de velocidades sucesivas por métodos computacionales, como en los ejemplos que citaré a continuación.

No olvidemos que el estudio de los movimientos rápidos de partículas o sistemas de partículas es un campo de investigación muy activo en algunas áreas de la biología, impulsado en gran parte por la incorporación reciente del análisis digital de imágenes de video, videomicroscopía o, simplemente, simulación teórica (ejemplos: simulación del movimiento de macromoléculas por Monte Carlo o Dinámica Molecular, estudios de aerodinámica en aves, movimiento de bacterias en cultivo, estructura de las bandadas de aves migratorias, movimiento de sustancias marcadas en el interior celular,...).

## 1.4. La aceleración

La velocidad puede variar en función del tiempo, esta variación se denomina aceleración. Como las magnitudes anteriores, tienen carácter vectorial y puede expresarse en forma de promedio o como aceleración instantánea.

**La aceleración instantánea es la derivada de la velocidad con respecto al tiempo.**

Conviene señalar que, por ser la velocidad una magnitud vectorial, sus variaciones pueden ser en el módulo, la dirección o el sentido. Cualquier variación de estas características del vector velocidad lleva asociada una aceleración. Es decir, puede existir aceleración sin que varíe el módulo de la velocidad.

Si la aceleración consiste en una variación del módulo del vector velocidad la denominaremos **aceleración tangencial**. Si lo que indica es una variación de la dirección del vector velocidad, suele denominarse **aceleración centrípeta, radial o normal**.

## 1.5. Tipos de movimientos

La descripción de estos movimientos se simplifica enormemente mediante el uso de ecuaciones. Ahora bien, no está nada claro que todos los tribunales permitan mostrar a un opositor aquello (esquemas, gráficos, ecuaciones,...) que ha escrito en su examen. Pueden considerar que sólo es legalmente válida la información que se lee, o que es competencia del propio tribunal decidir si quiere mirar el examen o simplemente escuchar. Este tipo de cosas, al no quedar claras en el decreto de convocatoria, pueden suceder en algunos tribunales, que optan por un criterio común para evitar agravios comparativos.

En definitiva, vemos que conviene explicar este apartado sin poner directamente las ecuaciones sino comentándolas en el texto.

Una estrategia muy empleada en la descripción física de todo fenómeno natural es buscar aquellas magnitudes que permanecen constantes y designarlas como elementos definitorios del fenómeno. En este sentido, citaré una de las leyes de Kepler (ver tema72), en la que se enuncia que los planetas, al recorrer su órbita alrededor del Sol, barren áreas iguales en tiempos iguales. Es decir, se toma el área de la elipse descrita al avanzar por la órbita como parámetro constante, con lo que conocemos u rasgo esencial de este tipo de movimiento, que nos permitirá, entre otras cosas distinguirlo de los demás.

Muy brevemente, como lo exige este ejercicio, citaré diferentes tipos de movimientos que suelen describirse en los cursos de física de ESO y bachillerato, explicando sus rasgos esenciales.

a) **Movimiento rectilíneo uniforme.** Es aquel en el que la partícula describe una trayectoria recta y su velocidad es constante.

En este movimiento, las nuevas posiciones pueden calcularse como la suma de la posición actual más el producto de la velocidad y el tiempo. La velocidad puede tener signo positivo si la partícula se aleja del centro de referencia o negativo si se acerca.

Evidentemente, se trata de un movimiento más bien ideal, ya que la posibilidad de que una partícula pueda en la naturaleza conservar la constancia de su velocidad tanto en el módulo como en la dirección, sin que ningún efecto mecánico la altere, es realmente escasa.

b) **Movimiento rectilíneo uniformemente acelerado.** Es aquel en el que las variaciones de velocidad son iguales para intervalos de tiempo iguales.

Un ejemplo típico de este movimiento es la caída libre de un objeto. La aceleración no depende del tiempo sino que, a distancias cercanas a la superficie terrestre, se considera constante, con un valor de $9.8 m/s^2$.

En este tipo de movimiento, la velocidad en un instante $(t_1)$ se calcula sumando, a la velocidad a tiempo 0 $(t_0)$, el producto de la aceleración por el tiempo transcurrido $(t_1-t_0)$.

El cálculo de la posición a tiempo $t_1$ es un poco más elaborado. Se suman tres términos…

- la posición a $t_0$
- el producto de la velocidad a $t_0$ por el tiempo $(t_1-t_0)$
- la mitad del producto entre la aceleración y el cuadrado del tiempo

Evidentemente, decimos "sumando" sin olvidar que el valor de la aceleración, o de la misma velocidad, puede ser negativo. En ese caso se aplicaría una resta. En adelante, daré esto por supuesto, hablando de "suma de términos" tanto si estos son ambos positivos como si no.

c) **Movimiento parabólico.** Se puede estudiar como la combinación de dos movimientos, uno vertical uniformemente acelerado y otro horizontal, que puede ser igual o simplemente uniforme. El movimiento en cada una de las dimensiones sigue comportamientos totalmente independientes. De esta forma, dos objetos lanzados con la misma velocidad desde el mismo punto, uno hacia arriba y otro siguiendo una trayectoria parabólica, ambos llegarán a la misma altura al mismo tiempo y volverán al suelo al mismo tiempo, independientemente de su masa. (Obviamente, en ausencia de otras fuerzas como el rozamiento).

d) **Movimiento circular uniforme.** La partícula describe una trayectoria circular, sometida a una aceleración tangencial nula y a una aceleración centrípeta constante.

En este tipo de movimiento puede definirse, además de la velocidad lineal, una magnitud que hace referencia a la rapidez con que varía el ángulo descrito por la trayectoria. Se trata de la velocidad angular, y su unidad en el SI es el radián por segundo (rad/s).

Se trata de un movimiento periódico en el sentido de que un mismo punto de la trayectoria es visitado repetidamente por la partícula. El tiempo que tarda la partícula en realizar una vuelta completa se denomina periodo. El número de veces que la visita por unidad de tiempo se denomina frecuencia. La frecuencia tiene una unidad del SI que es el $s^{-1}$ (número de veces por segundo o Hertz).

# 2. EL MOVIMIENTO, ¿CÓMO SE ORIGINA? ¿CUÁLES SON SUS CAUSAS? DINÁMICA

## 2.1. Conceptos iniciales

Resulta útil definir ciertos conceptos antes de enunciar las leyes de Newton.

Llamamos **inercia** a la tendencia que todo cuerpo experimenta a mantenerse en el estado (móvil o estático) en que se encuentra. La tendencia a irse hacia delante tras el frenazo de un autobús, la dificultad inicial para mover un objeto,… son ejemplos característicos.

Un ejemplo típico de inercia dentro de los estudios de Ciencias de la Tierra es la fuerza de Coriolis. En esencia se basa en la tendencia que tienen los fluidos (con una rotación veloz en el ecuador y lenta en los polos) a conservar su velocidad de rotación a medida que se mueven latitudinalmente. Por ejemplo, al alejarse del ecuador hacia zonas de rotación más lenta, se desvían al Este siguiendo la dirección de rotación de la Tierra, gracias a la fuerza de la inercia.

Muchas veces se define la **masa** como la cantidad de materia de un cuerpo. También, relacionándolo con el concepto anterior, resulta válido decir que la masa es una medida cuantitativa de la inercia de un cuerpo. Esta magnitud, según el SI, se expresa en Kg.

El producto de la masa por la velocidad es una magnitud vectorial que denominamos **momento lineal o cantidad de movimiento**. Evidentemente, aunque dos cuerpos presenten velocidades idénticas, ambos tienen diferente tendencia a conservar este estado de movimiento (diferente inercia). Esta diferencia entre ambos movimientos es "invisible" para magnitudes como la velocidad, pero puede detectarse mediante el momento lineal, que pondera la velocidad por la masa.

## 2.2. Primera ley de Newton: ley de la inercia

**Un cuerpo sobre el que no actúe ninguna fuerza neta permanecerá en reposo o mantendrá un movimiento uniforme.**

Esta ley se cumple siempre que el observador se encuentre en un sistema de referencia estático o bien en uno que se mueva a velocidad constante. Este tipo de sistemas de referencia se denominan inerciales y en ellos se cumplen las leyes de Newton de la física clásica.

Ahora bien, si un observador se mueve con velocidad variable (movimientos circulares, movimientos lineales acelerados,…) en su sistema de referencia no puede observarse el cumplimiento de la primera ley. Estos sistemas se denominan sistemas de referencia no inerciales y en ellos no se cumplen las leyes de la física clásica.

## 2.3. Segunda ley de Newton

Podemos observar que la interacción entre dos cuerpos hace variar su momento lineal. Esta modificación puede ser rápida o más lenta. La rapidez de la variación del momento lineal nos da idea de la intensidad de la fuerza que actúa sobre el objeto.

La fuerza es una magnitud vectorial (su unidad en el SI es el Newton) capaz de modificar el momento lineal de un objeto. Esta modificación es proporcional al módulo del vector fuerza y se produce en la dirección de este vector. Esta idea nos lleva al enunciado de la segunda ley de Newton:

**La variación del momento lineal de un cuerpo es proporcional al módulo de la fuerza que actúa sobre él y se realiza en la dirección de esta fuerza.**

La interacción entre dos cuerpos puede hacer variar el momento lineal de ambos mediante...

- la modificación de su masa

- la modificación de su velocidad (es decir, mediante la aplicación de una aceleración)

... en el segundo de estos supuestos, llegaríamos a la formulación que muchas veces aparece en secundaria de la segunda ley: "fuerza es igual a masa por aceleración". Este enunciado es por supuesto correcto, pero representa un caso particular de aplicación de esta ley.

Ya que en este apartado hemos introducido el concepto de fuerza, es un lugar idóneo para hablar de otra magnitud, el impulso mecánico, que no es más que el producto de la fuerza por el tiempo que dura su aplicación.

## 2.4. La tercera ley: principio de acción y reacción

Junto a la acción de toda fuerza, aparece siempre una fuerza de reacción igual en magnitud y contraria en sentido, que la contrarresta. Ahora bien, cada una de estas fuerzas actúa sobre un cuerpo distinto, si no el movimiento de los cuerpos sería imposible de modificar.

## 2.5. Algunos tipos de fuerzas

En la naturaleza encontramos numerosas fuerzas, citaré y explicaré, muy brevemente, sólo algunas de las más conocidas o explicadas en secundaria.

- **fuerza normal** → se trata de la componente perpendicular de la fuerza que una superficie ejerce sobre un cuerpo apoyado en ella

- **fuerza de rozamiento** → es aquella que se opone a la dirección de movimiento neta de un objeto. Su origen es variable (contacto con una superficie sólida, efecto de atravesar un fluido como el aire o el agua,...). La magnitud es proporcional al módulo de la fuerza normal. El factor de proporcionalidad es un escalar denominado coeficiente de rozamiento, que depende de la naturaleza de los medios en contacto.

- **fuerzas de tensión entre cuerpos enlazados** → suelen aparecer en problemas de poleas, planos inclinados, etc... muy frecuentes en cursos de secundaria. En un extremo de la cuerda que enlaza los objetos actúa una fuerza de tensión, en el otro extremo, actúa la fuerza de sentido opuesto y de igual magnitud.

- **fuerzas elásticas** → un material elástico es aquel que se deforma al sufrir el efecto de una fuerza pero recupera su forma original al dejar de actuar dicha fuerza. La deformación lineal (en una dimensión) de un sólido elástico es proporcional a la fuerza que actúa (fuerza elástica), el factor de proporcionalidad se denomina coeficiente de deformación del muelle. Esta idea que acabo de exponer se denomina ley de Hooke en honor al físico inglés, contemporáneo de Newton.

  Muy recientemente (a partir del 2000) se han desarrollado aplicaciones informáticas muy interesantes que permiten medir la deformación elástica del ADN en varias dimensiones. Estos cálculos teóricos, que han dado resultados similares a experimentos realizados con microscopía de fuerza atómica, nos están acercando a una visión más precisa de la dinámica macroscópica de este polímero y constituyen un ejemplo más del interés que guardan las ecuaciones de la dinámica clásica para la biología.

# 3. LOS SÓLIDOS RÍGIDOS: ESTÁTICA Y DINÁMICA BÁSICAS

Un problema esencial en el estudio de las fuerzas que actúan sobre un sólido rígido es **obtener la resultante de** dichas **fuerzas**. Ésta se obtiene sencillamente como la suma vectorial de todas las fuerzas implicadas.

En este sentido, es curioso observar cómo se cumplen una serie de propiedades...

- una fuerza única no puede producir un estado de equilibrio

- dos fuerzas opuestas y de igual magnitud se equilibran

- si el cuerpo está en equilibrio, cada fuerza es igual en dirección y módulo y opuesta en sentido a la resultante del resto de fuerzas

Otra operación básica es el **cálculo del centro de masas** del sólido. Los procedimientos experimentales que se basan en encontrar aquel punto superficial que permite sostener el cuerpo sin que se caiga, nos permiten conocer el centro de gravedad, que es un concepto diferente.

El centro de masas suele calcularse en sistemas de partículas, tratados como un sólido rígido, pero de los que conocemos la posición y la masa de cada partícula. Disponer de estos sistemas no es tan extraño. Por ejemplo, muchos estudios sobre macromoléculas de las que se conoce la estructura atómica (almacenadas en el *Protein Data Bank, PDB*) emplean las coordenadas de cada partícula.

El cálculo del centro de masas es muy sencillo. Será finalmente un punto de tres coordenadas (x,y,z). Cada una de ellas se calcula como el sumatorio (sobre todas las partículas) de la coordenada correspondiente ponderada por la masa atómica y se divide finalmente por la masa total de la proteína. Aunque parezca un cálculo muy elaborado, es relativamente sencillo y rápido. Para una proteína de 1000 átomos, por ejemplo, el cálculo del centro de masas es una operación de menos de un segundo con un ordenador de sobremesa estándar.

La dinámica de un sólido rígido puede estudiarse siguiendo la fluctuación del centro de masas o, por ejemplo, definiendo dos fuerzas, que se aplican sobre dos puntos, y cuya intensidad y dirección determinan el movimiento final del sólido. Este modo de estudio se conoce como **modelo del par de fuerzas**.

# 4. FLUIDOS: ESTÁTICA Y DINÁMICA BÁSICAS

Comentaré tres características que permiten formarnos una idea básica de los fluidos como sistemas estáticos (entendiendo este "ser estáticos" en un sentido no demasiado estricto).

- Todo fluido ejerce una fuerza perpendicular a la superficie que lo contiene y perpendicular a las paredes de los objetos que introducimos en él.

- Otra característica fundamental de los fluidos se expresa mediante el **principio de Pascal**, que se enunciaría como sigue: **"la presión ejercida en un punto cualquiera de un fluido incompresible se transmite en todas direcciones y con la misma intensidad al resto de puntos del fluido"**.

- Finalmente, comentaré una propiedad que viene señalada por el **principio de Arquímedes**. En él se enuncia que **todo cuerpo sumergido en un fluido experimenta un empuje vertical y hacia arriba que es igual al peso del fluido que desaloja**.

Pondré ahora un símil que resulta bastante útil para describir algunas propiedades de la dinámica de los fluidos. Se trata de un tubo cilíndrico horizontal y un fluido confinado en él. La tapa izquierda es fija y la derecha móvil.

Si movemos la tapa derecha, el fluido ejercerá una resistencia a la deformación, esta resistencia se denomina **fuerza de viscosidad**. Ésta se calcula como el **producto de un coeficiente de viscosidad, el área y la velocidad del movimiento, dividido todo por la distancia** entre ambas tapas.

Otra propiedad que podemos mirar es la **estructura del movimiento del fluido**. Si, por ejemplo, podemos definir la estructura del fluido como un conjunto de láminas horizontales superpuestas en las que la velocidad es máxima para las superiores y mínima para las inferiores, estaremos ante un **flujo laminar**. Si, por el contrario, esta estructura no puede definirse con cierta claridad, hablaremos de un **flujo turbulento**.

Existe una magnitud escalar, denominada **número de Reynolds**, cuyo valor representa una estimación de la propiedad anterior. Se calcula como el doble del producto de la densidad, la velocidad promedio del fluido y el radio del canal, dividido por la viscosidad. Si este número es inferior a 2000, el flujo se considera laminar. Si es superior a 3000, se considera turbulento. La franja 2000-3000 es un intervalo de transición.

Por último, una última idea, publicada por Bernouilli en su *Hydrodinamica* (1738). El **teorema de Bernouilli** es complejo y, suponiendo unas condiciones muy especiales del fluido, sirve para multitud de casos diferentes. En el símil que he venido utilizando, vendría a decirnos lo siguiente: **"En el caso de un flujo por un conducto horizontal de sección variable, en las zonas de sección**

**más pequeña, en la que la velocidad es mayor, el fluido ejerce una presión menor sobre las paredes".**

# 5. CONCLUSIÓN

He tratado de exponer brevemente los principales rasgos que acompañan al estudio del movimiento. Un buen estudio de cualquier movimiento empieza por una descripción precisa de éste, resaltando las magnitudes permanecen constantes y aquellas que varían. Las ecuaciones para designar el valor de estas magnitudes (principalmente posición, velocidad y aceleración) constituyen una especie de huella dactilar del mismo.

No sólo nos interesa conocer las características del movimiento sino sus causas. Entre las muchas contribuciones de Isaac Newton a la ciencia, se encuentra una formulación matemática precisa de tres leyes que acotan el modo de actuar del principio generador de cambios en la posición y velocidad de los objetos: la fuerza.

Los apartados 3 y 4 se han centrado en los sistemas rígidos y estáticos, respectivamente, y en ambos he presentado unas muy breves pinceladas sobre aspectos de su comportamiento estático y dinámico.

De esta forma, doy por concluida mi exposición, agradeciendo la atención prestada.

Bibliografía útil:

BALLESTERO JADRAQUE, M. y BARRIO GÓMEZ DE AGÜERO, J. (2006) "Física y química 1º bachillerato", Ed. Oxford

BARRIO BARRERO, J.I. DEL. (2002) "Física y química 1º bachillerato", Ed. SM

DRAGONI, G. ; BERGIA, S. y GOTTARDI, G. (2004) "Quién es quién en la ciencia" (Vols. I y II), Ed. Acento

LÓPEZ RUPÉREZ, F. y otros (1994) "Energía. Física COU", Ed.SM

# TEMA 72

EL PROBLEMA DE LA POSICIÓN DE LA TIERRA EN EL UNIVERSO. SISTEMA GEOCÉNTRICO Y HELIOCÉNTRICO. GRAVITACIÓN UNIVERSAL. EL PESO DE LOS CUERPOS. IMPORTANCIA HISTÓRICA DE LA UNIFICACIÓN DE LA GRAVEDAD TERRESTRE Y CELESTE.

# 0. INTRODUCCIÓN

Contemplar desde la Tierra, a través de pruebas indirectas, elementos que no son propios de la Tierra ha sido una tarea que ha ocupado la cabeza de los científicos desde las primeras civilizaciones. De forma muy intuitiva, y en ocasiones con un soporte científico evidente, que nos ha llegado de forma escrita, se ha empleado la posición y la dinámica de estos cuerpos por su utilidad práctica (para medir el tiempo, por ejemplo). Más adelante, se ha buscado entender cada vez más las peculiaridades de su disposición estructural, de la variación estructural y, finalmente, de las fuerzas que son la base de estos movimientos. Ello ha llevado finalmente al desarrollo de la Ley de gravitación universal.

Desarrollaré en esta exposición el camino seguido hasta la idea que hoy tenemos de la posición de la Tierra en el Universo y de la ley citada anteriormente. Lo haré siguiendo el orden que cito a continuación... (es muy conveniente exponer con claridad, aquí al principio, el orden que se va a seguir, leer el índice de una forma ágil)

# 1. SITUAR LA TIERRA EN EL UNIVERSO: UN PROBLEMA ANTIGUO

Pueden encontrarse referencias al interés por los estudios astronómicos en culturas tan antiguas como los mayas, los egipcios o los pueblos orientales. En concreto conocemos algunos mapas del cielo y algunos calendarios elaborados en aquella época. Los desarrollos son particularmente significativos en la **cultura babilónica**. Algunos de sus astrónomos, con el objetivo de mejorar el calendario, describieron los movimientos relativos del Sol y la Luna de una forma muy exhaustiva y precisa.

Entre los primeros filósofos griegos, **Tales de Mileto** debió conocer los datos de los babilónicos, incluso se le atribuye la predicción de un eclipse en el 585 a.C. (aunque hay historiadores que ponen este hecho en duda), y la descripción de la constelación de la Osa Menor. Muy probablemente, Tales fue uno de los personajes claves en la transmisión del cocimiento babilónico al mundo griego.

Posteriormente encontramos a **Pitágoras de Samos** y su escuela. A ellos se les atribuye la idea de que los cuerpos celestes son 10 y giran en torno a un fuego central, primera evidencia clara de lo que sería la teoría heliocéntrica.

No obstante, podemos decir que la primera teoría astronómica de cierta entidad viene con **Aristarco de Samos** (uno de los sucesores de Aristóteles y Teofrasto al frente del Liceo de Atenas) en el siglo III a.C. Una de sus obras llevaba el título siguiente: "*Sobre las dimensiones y las distancias del Sol y de la Luna*". En ella calcula la distancia angular entre el Sol y la Luna, basándose en los períodos en los que ésta permanece iluminada sólo parcialmente. Se trata de una obra en la que se combinan datos astronómicos experimentales con una gran sutileza matemática. Esta obra, además, es uno de los primeros ejemplos de investigación basada en el modelo hipotético-deductivo. A partir de seis proposiciones astronómicas de partida, se demuestran, una tras otra, veintiuna proposiciones nuevas...

-   la relación entre las distancias Tierra-Luna y Tierra-Sol

-   la relación entre el diámetro de la Luna y el del Sol

-   la relación entre el diámetro del Sol y el de la Tierra (estimada en un valor de 19:1)

-   etc...

El conocimiento de que Aristarco fue un precursor del heliocentrismo lo tenemos gracias a una obra de Arquímedes, quien cita a Aristarco para hacerle una crítica sobre su razonamiento geométrico-astronómico y explica que, según este filósofo, el Sol y las estrellas fijas permanecen inmóviles en el tiempo y la Tierra y los demás planetas giraban alrededor del Sol.

Cabe decir que, en la antigüedad, son pocos los filósofos que comparten esta visión de Aristarco. Uno de ellos, quizá el único que la acepta plenamente, es **Seleuco de Babilonia** (150 a.C). No obstante, en esta época, la teoría geocéntrica, respaldada por los cálculos de Apolonio de Perga, Hiparco de Nicea y Tolomeo, resultaba mucho más verosímil según las evidencias del momento.

De entre los filósofos que establecen la teoría geocéntrica destaca **Claudio Tolomeo**, con su obra *"Megale syntaxis on Astronomias"*. Los pripcipios básicos de esta visión cosmológica son...

- la Tierra está en el centro del Universo, inmóvil, y el Sol y la Luna giran a su alrededor

- los planetas describen trayectorias pseudocirculares (epiciclos), con movimiento uniforme, alrededor de un punto central. El punto central de cada órbita planetaria describe una segunda trayectoria (deferente) alrededor de la Tierra

Esta obra de Tolomeo significa un enorme avance en la ciencia de observar el cielo. Además de las ideas que he comentado, Tolomeo puso nombre a las estrellas, estableció normas para la predicción de eclipses,... Podemos observar varias lagunas en el modelo geocéntrico de Tolomeo. Citaré dos:

- el modelo describía los movimientos de forma precisa pero no explicaba su causa

- para que funcionase la teoría de los epiciclos, había que introducir variaciones en las matemáticas tradicionales (este es uno de os motivos concretos por los que Copérnico rechazará esta teoría siglos más tarde)

Tras estos estudios griegos, nos trasladamos al siguiente hito en la historia de la astronomía. Éste viene con la publicación de *"De rebolutionibus orbium celestium"* por **Nicolás Copérnico**, en 1543. Evidentemente, durante la Edad Media hubo contribuciones científicas a este respecto, tanto en Europa como en el mundo árabe, y diversos posicionamientos en contra y a favor de la teoría geocéntrica, pero en el planteamiento de Nicolás Copérnico puede situarse el inicio de un cambio en el pensamiento astronómico tradicional.

Este científico, de la Universidad Jaguellónica de Polonia, realizó un análisis crítico de la teoría de Tolomeo y propuso un sistema heliocéntrico. Segú éste, la Tierra gira sobre sí misma y alrededor del Sol, igual que el resto de planetas, en órbitas perfectamente circulares. Además, como detalle, explica que la Tierra, en su movimiento circular, se inclina sobre sí misma como un trompo.

En los trabajos de Copérnico quedan explicados los cambios diarios y anuales de la posición del Sol y las estrellas, el movimiento retrógrado de Marte, Júpiter y Saturno, y cuestiones como porqué Venus y Mercurio nunca se alejan más de una determinada distancia del Sol.

Junto a todo ello, se explica que las estrellas fijas permanecen en una esfera inmóvil exterior a todo el sistema. Copérnico explica también que los planetas pueden ordenarse según sus periodos de rotación. Cuanto mayor es el radio de la órbita de un planeta, más tiempo tarda en dar una vuelta completa alrededor del Sol.

Años más tarde, **Galileo** estudió la teoría de Copérnico y, cuando se invento el telescopio en Holanda, pudo aportar pruebas definitivas que demostraban esta teoría. Ahora bien, hasta este momento, sólo se ha conseguido cambiar de localización el centro de rotación de las órbitas de Copérnico, pero podían plantearse cuestiones que permitiesen refinar esta nueva concepción. Por ejemplo...

-   ¿Giran los planetas en órbitas circulares?

-   ¿Es su velocidad constante?

La calidad de la resolución de toda cuestión científica según el método experimental crece con la cantidad y calidad de las observaciones realizadas. Esta idea central del método científico se pone de manifiesto con los estudios de un astrónomo danés, **Tycho Brahe**. Este científico (entre los años 1580 y 1597, realizó y recopiló observaciones muy precisas de los movimientos de la Tierra y de los planetas. Este conjunto de datos nutrió y, en definitiva, permitió el desarrollo del modelo cosmológico de **Johannes Kepler**, pocos años más tarde.

Brahe se había convertido en el matemático imperial del emperador Rodolfo II. En 1599, Brahe hizo llamar a Kepler para que fuese su ayudante. Dos años más tarde murió Brahe y Kepler ocupó su cargo. Realizó múltiples trabajos para el emperador, entre los que destaca una enorme labor de desarrollo de sus posteriores teorías cosmológicas, que empiezan a presentar un aspecto consolidado a partir de su publicación, en 1609, de la obra *Astronomia Nova* (en la que se enuncian sus dos primeras leyes).

Conviene destacar que el modelo de Kepler es el resultado de muchos datos, de un enorme esfuerzo teórico y, sobre todo, de dos cualidades personales muy importantes en un científico: la sinceridad ante los errores y la tenacidad para buscar explicaciones más adecuadas.

Muchas cuestiones no estaban claras sobre la visión de los cuerpos celestes en la época de Kepler. Él trató de buscarles respuesta. Plantearé esta problemática en forma de tres puntos o preguntas...

- **¿qué interpretación geométrica dar a las distancias relativas existentes entre planetas?**

  Kepler, mediante un complejo procedimiento que consistía en inscribir cubos en esferas y comparar la relación entre los radios de las esferas y los de algunos planetas, etc... trató de encontrar relaciones numéricas regulares sobre las distancias interplanetarias. No consiguió buenos resultados. Probó entonces con los 5 sólidos regulares de Platón (cubo, tetraedro, dodecaedro, icosaedro y octaedro), con los que consiguió llegar a resultados algo mejores.

- **Los planetas ¿se mueven a la misma velocidad? ¿cómo afecta la distancia al Sol a esta velocidad?**

  Kepler llegó a la conclusión de que la velocidad de rotación decrece al aumentar la distancia del planeta al Sol.

- **Los planetas ¿se mueven describiendo órbitas esféricas**

  Kepler concluye que no. De este modo, es el primer científico que cuestiona lo que podríamos llamar el dogma de los círculos y las esferas, desde que los pitagóricos establecieran el carácter perfecto a este tipo de figuras geométricas (ni Galileo ni Copérnico se oponen a este punto)

Las conclusiones de este trabajo de investigación se sistematizan en lo que se conocen como las tres **leyes de Kepler**:

- **Primera ley: Un planeta se mueve en una elipse, con el Sol en uno de sus focos**

- **Segunda ley: Los planetas barren áreas iguales en tiempos iguales**

- **Tercera ley: los cuadrados de los periodos de los planetas son proporcionales a los cubos de sus distancias medias al Sol. La relación de proporcionalidad es la misma para todos los planetas ($T^2/R^3$=cte)**

De esta forma, Kepler explicó la cinemática de los movimientos de los planetas de una forma excelente. Ahora bien, su teoría no explicaba el origen de estos movimientos. En este punto, los trabajos de **Newton** añaden una doble aportación:

-   explicar el principio motor de la cinemática expuesta por Kepler

-   generalizar la acción de este principio motor (de los movimientos del Sistema Solar) a los movimientos de todos los cuerpos del Universo

Estas contribuciones de Newton en la cosmología de Kepler derivaron en lo que se conoce como Ley de la Gravitación universal, que pasaré a explicar el siguiente apartado.

# 2. LEY DE LA GRAVITACIÓN UNIVERSAL

Newton asume que, si bien las órbitas planetarias son elípticas, su excentricidad es baja y pueden considerarse circulares para algunos efectos. Bajo esta suposición…

- la velocidad del planeta es constante

- la velocidad areolar del planeta es constante

Combinando esta simplificación con la tercera ley de Kepler, que relaciona periodo y radio, se puede llegar a deducir que el Sol atrae a cada planeta con una fuerza directamente proporcional a su masa e inversamente proporcional al cuadrado de la distancia que los separa. En cumplimiento de la tercera ley de Newton, existiría una fuerza de reacción (con la que el planeta atraería al Sol) de la misma magnitud y sentido opuesto. Ambas fuerzas, como se comentó en el tema 71, actúan sobre cuerpos distintos, por lo que no se anulan sino que ejercen su influencia por separado.

Newton fue más lejos y dijo que esta propiedad de los cuerpos celestes para atraerse por el hecho de tener masa y estar separados una distancia es válida para cualquier interacción entre dos cuerpos en todo el Universo. Así pues, la fuerza de interacción entre dos cuerpos es directamente proporcional al producto de sus masas e inversamente proporcional al cuadrado de la distancia que los separa.

La constante de proporcionalidad se denomina constante de la gravitación universal y, en el sistema internacional, tiene un valor de $6.67 \cdot 10^{-11}$ N·m$^2$/kg$^2$.

Según esta ley, y realizando algunas operaciones matemáticas, podemos obtener una expresión aproximada del periodo de traslación para un determinado planeta en función de su masa y de su distancia al Sol. Este periodo sería igual a al producto de $2\pi$ por la raíz cuadrada del cociente entre el cubo de la distancia y el producto entre la masa del Sol y la constante de gravitación universal. Es curioso observar como el periodo de traslación se demuestra así independiente de la masa del planeta.

Otra magnitud muy importante, el peso de los cuerpos, se define también en relación a la ley de gravitación universal. Así pues, definimos el peso como la fuerza de gravedad que la Tierra ejerce sobre un cuerpo situado en su superficie. Se calcula como el producto de la aceleración gravitacional (9.8 m/s$^2$ como valor promedio al nivel del mar) y la masa del cuerpo en cuestión.

El valor de la aceleración gravitatoria varía con la altura. Para alturas pequeñas podemos obtenerlo multiplicando 9.8 m/s2 por un coeficiente. Este coeficiente se calcula como "uno menos el cociente entre el doble de la altura y el radio de la Tierra").

# 3. IMPORTANCIA HISTÓRICA DE LA UNIFICACIÓN DE LA GRAVEDAD TERRESTRE Y CELESTE

La conclusión alcanzada por los razonamientos de Newton sobre la universalidad de la fuerza de atracción gravitatoria tiene un gran valor en la historia del conocimiento. Permite extender la mecánica clásica, que gracias a Newton puede aplicarse a los objetos terrestres, a los cuerpos externos a la Tierra. Es más, el formalismo matemático aplicado a la física clásica, basado en el cálculo infinitesimal, una contribución, más esencial aún si cabe que las mismas leyes de la física clásica, enunciado en los *Principia Mathematica* de Newton, puede emplearse al estudio riguroso del movimiento de los cuerpos celestes.

Esta forma de pensar en los movimientos celestes en términos de física clásica forma parte de nuestra manera de pensar habitual, pero era un auténtico cambio esencial en la forma de pensar de los científicos de aquella época.

En una dirección similar, podemos señalar formalismos de la física que permiten la interacción entre fenómenos de naturaleza distinta como la electricidad y el magnetismo, llevando a la consideración del electromagnetismo como una fuerza única.

Y en ese mismo sentido se ubican los esfuerzos por unificar las cuatro grandes fuerzas que actualmente conocemos: la gravedad, el electromagnetismo, la fuerza nuclear débil y la fuerza nuclear fuerte.

# 4. CONCLUSIÓN

Mi exposición ha tratado de ser un breve resumen de las principales teorías cosmológicas desde las primeras civilizaciones hasta la época de Newton.

En Newton, la visión de la mecánica del sistema celeste llega a un punto de madurez muy importante. En la actualidad, obviamente, se conocen muchos otros rasgos de este modelo, pero sus conclusiones esenciales siguen siendo válidas:

- la Tierra es un cuerpo celeste más, que experimenta un movimiento de giro alrededor del Sol

- la propiedad de atracción entre los cuerpos en virtud de su masa sigue una ecuación sencilla expresada en la Ley de la gravitación, que tiene carácter universal

- la mecánica terrestre emplea las mismas reglas que la mecánica celeste

Con esto, doy por concluida mi exposición.

## Bibliografía útil:

BALLESTERO JADRAQUE, M. y BARRIO GÓMEZ DE AGÜERO, J. (2006) "Física y química 1º bachillerato", Ed. Oxford

BARRIO BARRERO, J.I. DEL. (2002) "Física y química 1º bachillerato", Ed. SM

DRAGONI, G. ; BERGIA, S. y GOTTARDI, G. (2004) "Quién es quién en la ciencia" (Vols. I y II), Ed. Acento

LÓPEZ RUPÉREZ, F. y otros (1994) "Energía. Física COU", Ed.SM

# TEMA 73

LA ENERGÍA. TRANSFORMACIÓN, CONSERVACIÓN Y DEGRADACIÓN. TRABAJO Y CALOR. PROCESOS DE TRANSFERENCIA DE ENERGÍA. EFECTOS Y PROPAGACIÓN DEL CALOR. PROPAGACIÓN DE ENERGÍA SIN TRANSPORTE DE MASA: MOVIMIENTO ONDULATORIO. LUZ Y SONIDO.

## 0. INTRODUCCIÓN

La energía asociada implicada en el Big Bang se estima en unos $10^{68}$ julios (J). La Tierra se mueve empleando una energía mecánica de $10^{29}$ J. Al año, el conjunto de seres humano consume $\sim 10^{21}$ J en forma de energías de diferente índole. Una erupción volcánica normal completa puede manejar energías de $\sim 10^{18}$ J. Son sólo algunos datos de referencia que nos pueden ilustrar a la hora de comparar fenómenos en los que están implicadas grandes cantidades de energía.

De todas formas, son todos eventos que se escapan a nuestra experiencia cotidiana ¿De qué orden es la energía implicada en estos actos más habituales? Bien, la combustión completa de un litro de gasolina en el motor de un coche proporciona del orden de $\sim 3 \cdot 10^7$ J. Nuestro corazón, en cada latido, emplea 0.5 J, una energía 500 veces superior a la que emplearé al pasar esta página.

La energía es una magnitud, como he tratado de ilustrar, que acompaña a multitud de fenómenos físicos. A ella, a exponer sus diversas formas de manifestarse y las pautas generales de su comportamiento dedicaré esta exposición.

Lo haré siguiendo el orden que cito a continuación... (es muy conveniente exponer con claridad, aquí al principio, el orden que se va a seguir, leer el índice de una forma ágil)

# 1. LA ENERGÍA. CONCEPTOS GENERALES

En la vigésima segunda edición del diccionario de la Real Academia Española de la Lengua, se incluye la siguiente definición de energía: "Capacidad para realizar un trabajo. Se mide en julios." Así pues, en el presente tema me referiré a la energía en esta acepción, como la capacidad que tienen los cuerpos de generar trabajo.

## 1.1. Formas de energía

La energía puede manifestarse de diferentes formas. Sin ánimo de citarlas según una clasificación rigurosa, simplemente comentaré que en el lenguaje científico básico se habla de energía mecánica, potencial, cinética, térmica, energía de los núcleos atómicos, lumínica, radiactiva,...

Entre estas formas, por su presencia en los cursos de secundaria, destacaré dos tipos de energía...

-   la energía potencial → es la energía asociada con la posición o la configuración de un sistema mecánico

-   la energía cinética → es la energía que posee un cuerpo en virtud de su movimiento. La energía cinética asociada a la traslación de un objeto se calcula como la mitad del producto de su masa por el cuadrado de su velocidad

## 1.2. El trabajo

En este subapartado trataré definir el trabajo efectuado por una fuerza sobre un cuerpo y mostraré cómo calcularlo. En realidad, se trata de una forma particular de energía.

Si un cuerpo es desplazado una distancia s por una fuerza F, que tiene una componente sobre la dirección de desplazamiento denominada $F_s$, el trabajo realizado por la fuerza se define como el producto de la componente $F_s$ por el módulo del vector desplazamiento.

La **unidad de trabajo en el sistema internacional (SI)** es el *joule*, introducido por primera vez por el físico alemán Julius Robert von Mayer en 1842. Su valor, la energía calorífica que, transformada en trabajo mecánico, equivaldría a aplicar la fuerza de 1 Newton durante 1 metro de distancia, fue determinado por el físico inglés James Prescott Joule un año más tarde.

# 2. TERMODINÁMICA

## 2.1. Descripción macroscópica y microscópica

La termodinámica es la disciplina que estudia la interacción de un sistema físico con sus alrededores. Para describir los diferentes estados del sistema, emplea una serie de magnitudes macroscópicas como el volumen, la presión, el número de moles, la temperatura, la energía interna y la entropía. Estas magnitudes se denominan variables de estado y definen el estado termodinámico de un sistema.

Estas magnitudes se obtienen de forma experimental. Ahora bien, si conociésemos el movimiento y posición de cada una de las partículas que componen el sistema físico (por ejemplo, las moléculas que constituyen un vaso de agua), podríamos, mediante el formalismo adecuado, conocer su volumen, su presión, su temperatura,...

Evidentemente, es imposible conocer de forma experimental la posición y velocidad de cada partícula en un sistema como un vaso de agua. Además, se trata de un sistema dinámico, cuya disposición estructural cambia millones de veces en un segundo.

No obstante, si representamos un vaso de agua como un conjunto de partículas individuales, empleando un campo de fuerzas adecuadamente parametrizado y algún método de simulación como la Dinámica Molecular y Monte Carlo, podemos simular la posición y velocidad de cada partícula y realizar cálculos al respecto.

Partiendo de una gran cantidad de configuraciones del sistema, podemos inferir magnitudes como el volumen, la presión, la temperatura... Por ejemplo, , la temperatura puede obtenerse como una medida de la energía cinética de las partículas (que conocemos a partir de su velocidad). De este tipo de cálculos se encarga una disciplina denominada mecánica estadística.

## 2.2. Ecuaciones de estado y principio cero

Las variables de estado para un sistema determinado están relaionadas entre sí por medio de una fórmula denominada ecuación de estado. Si conocemos la ecuación de estado de un sistema podemos predecir su comportamiento termodinámico.

Cuando un sistema está en equilibrio, las variables de estado que lo definen permanecen constantes. Si dos sistemas termodinámicos están en equilibrio con un tercero, ambos están en equilibrio entre sí, es decir, todos comparten la constancia de las variables de estado. Este enunciado se conoce como principio cero de la termodinámica.

## 2.3. Procesos de transferencia de calor

Definimos calor como la energía transferida entre un sistema y su entorno debido a que existe una diferencia de temperatura entre ambos. Esta energía puede transformarse en muchas otras formas (lumínica, mecánica,...)

Una unidad muy corriente para referirse a la energía térmica es la caloría. Corresponde la cantidad de calor necesaria para aumentar la temperatura de un gramo de agua un grado centígrado. En concreto, este valor equivale a 4,186 kiloJulios.

Hemos hablado de que "al agua se le transfiere calor". Cuando a un sistema se le transfiere energía calorífica a presión constante, la cantidad de energía transferida es proporcional al producto de la masa del sistema y la variación de temperatura ocasionada. El factor de proporcionalidad se conoce como calor específico. En el caso del agua, el calor especifico es de 1 cal $\cdot g^{-1} \cdot °C^{-1}$.

Imaginemos una cantidad determinada de agua sólida a 0°C. Si se le transfiere energía calorífica, parte de esta masa de agua cambia de estado sólido a estado líquido, sin cambiar de temperatura. Se ha invertido una cantidad de calor, pero no se ha generado un cambio de temperatura.

Este calor transferido a un sistema para que experimente un cambio de fase es directamente proporcional a la masa del sistema que sufre el cambio de estado. La constante de proporcionalidad se denomina calor latente de fusión, de vaporización,... y es específica para cada sustancia y para cada tipo de cambio de fase.

Curiosamente, el agua, como se comentó en el tema 23, es una sustancia muy especial porque permanece líquida durante el amplio rango de temperaturas que va desde 0°C a 100°C. Esto es posible gracias al elevado valor que presentan las dos constantes que acabo de explicar, su calor específico y su calor latente. Es decir, al agua hay que aportarle mucha energía para que varíe su temperatura 1°C, y también hay que pagar un precio energético elevado para que cambie de estado. Otros fluidos son menos exigentes, y esta es posiblemente una de las razones más relevantes que explican que la vida se base en agua y no en cualquier otra sustancia que pueda encontrarse líquida a temperatura ambiente.

Finalmente, señalar que el calor puede transmitirse mediante tres mecanismos básicos (conducción, convección y radiación), que explicaré muy brevemente...

-   conducción, propagación del calor a través de medios sólidos por la vibración de sus moléculas, que es transmitida a las moléculas vecinas al chocar con ellas. Ejemplo → conducción de calor a través de la carrocería de un coche.

-   convección, transmisión de calor mediante corrientes dentro de un fluido (líquido o gaseoso). Cuando una masa de un fluido se calienta al estar en contacto con una superficie caliente, sus moléculas se separan y se dispersan, disminuyendo la densidad del fluido. Estas variaciones de densidad generan diferencias de presión y el consiguiente movimiento de masas fluidas que llevan consigo el calor que han adquirido y lo llevan a otro lugar. Ejemplo → calentar un líquido en una olla.

- radiación, proceso de transferencia de calor mediante ondas electromagnéticas. Ejemplo, captación del calor solar por una moneda

## 2.4. Leyes de la termodinámica

### 2.4.1. Primer principio

Antes de enunciarlo, pensemos en el concepto de energía interna. Un sistema está compuesto por partículas, que por su movimiento tienen una energía cinética. Estas partículas, por su posición, por su distancia al resto de partículas, por la naturaleza de las interacciones que establecen, tienen también una energía potencial.

Denominamos energía interna de un sistema a la suma del conjunto de energías que puede haber en su interior.

En 1850, Rudolph Clausius publicó un trabajo en el que se enunciaba lo que hoy se conoce como primer principio de la termodinámica y que podría exponerse como sigue:

**"La energía interna de un sistema puede incrementarse transfiriendo calor al sistema, realizando sobre él un trabajo o mediante ambos procedimientos"**

En cierta forma, este principio nos recuerda que trabajo y calor son dos maneras de modificar la energía interna de un sistema. Pero en realidad tiene un significado mucho más amplio, que se expresa en la ley de la conservación de la energía (que había sido ya formulada por Lavoisier a principios de siglo XIX haciendo referencia en exclusiva a la transferencia de calor).

Según esta ley, podemos afirmar que **la energía del universo permanece constante**.

Este principio fue entendido de una forma más completa cuando Einstein, a principios del siglo XX, demostró que masa y energía son, en términos laxos, como dos formas de la misma magnitud. De este modo, sabemos que no sólo la energía puede pasar de una forma a otra, sino que bajo ciertas condiciones puede convertirse en masa y viceversa.

Citaré algunos ejemplos de aplicación de este primer principio de la termodinámica, pero antes explicaré brevemente un poco de nomenclatura que suele emplearse al hablar de sistemas termodinámicos…

- llamamos proceso adiabático a aquel en el que no se produce intercambio de calor con el exterior. En la realidad, es difícil evitar estas transferencias, por lo que suelen asumirse como adiabáticos aquellos procesos que son tan rápidos que no han dado tiempo a que se produzca la transferencia

- llamamos procesos isócoros a aquellos que se producen a volumen constante

- hablaremos de procesos isotérmicos cuando es la temperatura la que permanece constante

- finalmente, llamamos procesos isobáricos a aquellos en los que no varía la presión del sistema

El primer principio, en los procesos adiabáticos, puede observarse por ejemplo al inflar las ruedas de una bicicleta. Se produce una rápida compresión del aire, lo que desencadena un incremento de la energía cinética de las partículas y, por consiguiente, de la temperatura. Otro ejemplo en el que se ve el primer principio es al observar la diferencia entre exhalar aire (éste no cambia prácticamente de volumen y sale caliente) y soplar (hacemos al aire pasar por un orificio pequeño, por lo que al salir se expande y se enfría). Por ello, al soplar el aire es frío y al exhalar es más caliente. En resumen, si en los sistemas se da un trabajo (de expansión, de compresión) puede variarse su energía interna, aunque en estos procesos no se les esté transfiriendo calor significativamente.

Si buscamos ejemplos en procesos isócoros, no podemos considerar la posibilidad de que el sistema realice trabajos de expansión/compresión, porque por definición su volumen no puede cambiar. En estos casos, la única forma de cambiar la energía interna (medible por la temperatura) de un sistema es cederle calor (ejemplo: calentar un recipiente con leche) o hacer que ceda calor a un cuerpo más frío que entre en contacto con él (ejemplo: enfriar una botella de cava poniéndola en unos cubitos).

El caso contrario, por así decirlo, serían los proceso isotérmicos. La energía interna de un sistema sometido a este tipo de procesos también puede variar. Pero toda variación se debe al trabajo realizado sobre el sistema y nunca a una transferencia térmica.

Los procesos más frecuentes, no obstante, son aquellos en los que no varía la presión. En ellos, el calor transferido puede calcularse comparando el estado inicial y final en una magnitud. Esta magnitud es la suma de la energía interna más el producto de presión y volumen (indicador del trabajo realizado por el sistema). En estos casos se ve muy claro cómo el incremento de calor se convierte en una función de estado, es decir, que su valor sólo depende de los estados final e inicial, y es independiente del camino seguido entre ellos.

Antes de pasar a enunciar el segundo principio, comentaré una limitación importante de este primer principio. Según lo que enuncia, calor y trabajo son formas de energía equivalentes en cuanto a su capacidad para hacer variar la energía interna de un proceso. Lo que da a entender que se trata de energías perfectamente intercambiables. No obstante, en condiciones experimentales, esto no es cierto. El trabajo mecánico puede convertirse en calor, pero no todo el calor puede reconvertirse a trabajo mecánico.

## 2.4.2. Segundo principio de la termodinámica

En sus investigaciones sobre la máquina de vapor (durante los comienzos del siglo XIX) el ministro de defensa francés Sadi Carnot estudió el aprovechamiento de la energía térmica de los combustibles para producir trabajo mecánico. Sus conclusiones las expuso en la obra *"Reflexiones sobre la potencia motriz del fuego"* (1824) diciendo que *"en la práctica no se debe esperar poder aprovechar toda la potencia motriz de los combustibles"*, por lo que el rendimiento de la máquina nunca puede ser del 100%.

Esta idea fue reformulada por Kelvin en 1852 indicando que no es posible ningún proceso que, absorbiendo una cantidad de calor, realice una cantidad igual de trabajo. Clausius, poco después, añadió una idea en la que establecía que no es posible un proceso en el que el único resultado sea la transferencia de calor en contra de un gradiente de temperatura.

No obstante, no fue hasta los estudios de Ludwig Boltzmann que se pudo dar un significado a estos razonamientos. Boltzmann es quizá la figura más clave en el desarrollo de la termodinámica, tanto en su versión macroscópica como en su aproximación microscópico-estadística.

La entropía de un sistema es una magnitud definida por Boltzmann. Esta magnitud es mayor cuanto mayor es el número de estados moleculares visitados por un sistema.

Pondré un ejemplo para ilustrarlo. Consideramos un conjunto de 1000 átomos de cloro y 1000 de sodio y definimos dos estados posibles en el sistema:

- estado cristalino (los átomos alternados en los vértices de una red cúbica, es decir, la estructura cristalina del cloruro de sodio sólido)

- estado soluble (los átomos de cloro y sodio flotando libremente en una disolución acuosa)

Si atendemos exclusivamente a las posiciones y velocidades de los sodios y los cloros (nos olvidamos de la aguas) en ambos sistemas, es evidente que el estado soluble permite muchas más configuraciones espaciales que el cristalino. Diríamos que el estado soluble tiene mayor entropía.

En estos momentos, estamos en condiciones de enunciar el segundo principio de la termodinámica:

*"Los procesos naturales espontáneos evolucionan hacia un aumento de la entropía"*

### 2.4.3. La ecuación de energía libre de Gibbs

El parámetro clave que determina la espontaneidad de toda reacción es la **energía libre de Gibbs**. Su incremento ha de ser negativo para que la reacción sea termodinámicamente favorable y, en definitiva, pueda suceder. La fórmula...

$$\Delta G = \Delta H - T\Delta S$$

...permite calcular esta magnitud como el incremento entálpico menos el producto de la temperatura por el incremento entrópico. Todas las reacciones químicas transcurren siguiendo la lógica que se deriva de esta expresión:

- su $\Delta G$ es favorecida si las nuevas interacciones químicas formadas son mejores que las de partida ($\Delta H$ negativa)

- su $\Delta G$ es favorecida si la temperatura es elevada

- su $\Delta G$ es favorecida si el estado final permite al sistema aumentar su entropía ($\Delta S$ positiva)

Como se trata de unas oposiciones de Biología y Geología, comentaré una idea que me parece curiosa e importante. Los seres vivos cumplen muy bien la primera y segunda característica que he comentado, pero se oponen al incremento de entropía. Empleando un lenguaje didáctico, podríamos decir que la condición de mantener vivo el todo impide a sus partículas explorar numerosas disposiciones espaciales, restándoles en cierta forma libertad. Ese sería el precio que deben pagar los sistemas por estar vivos, por estar obligados a mantener cierto orden o ciertos límites en su disposición.

# 3. EL MOVIMIENTO ONDULATORIO

Denominamos **onda** a **toda perturbación de alguna propiedad de un medio** (densidad, presión, campo eléctrico, campo magnético,...) **que se propaga a través del espacio transportando energía**.

## 3.1. Tipos de ondas

Podemos clasificar las ondas según diferentes criterios:

- según la dirección de la perturbación (este es el criterio de clasificación más usual)

    o ondas longitudinales, el movimiento de la perturbación es paralelo a la dirección de avance del frente de onda.

    o ondas transversales, el movimiento de la perturbación es paralelo a la dirección de avance del frente de onda.

- según el medio en el que se propagan

    o ondas mecánicas, precisan de un medio elástico (sólido, líquido o gaseoso) para propagarse.

    o ondas electromagnéticas, se propagan por el espacio sin necesidad de un medio material. Por tanto, pueden propagarse en el vacío. Ello se debe a que estas ondas son fruto de la oscilación de un campo eléctrico en relación con un campo magnético.

    o ondas gravitacionales, se trata de un concepto más complejo, que surge a raíz de la teoría de la relatividad general de Albert Einstein. Se trata de perturbaciones que alteran la geometría del espacio tiempo.

- según la estructura del frente de onda

    o ondas unidimensionales, sólo avanzan en una dirección del espacio. Sus frentes de onda son planos y paralelos. Ejemplo → la vibración de una cuerda de guitarra.

    o ondas bidimensionales o superficiales, avanzan en dos direcciones. Pueden propagarse, en cualquiera de las direcciones de una superficie, por ello, se denominan también ondas superficiales. Ejemplo → ondas producidas en un lago al lanzar una piedra.

o ondas tridimensionales o esféricas, se propagan en las tres direcciones del espacio. Sus frentes de ondas son esferas concéntricas que, surgiendo en el lugar de la perturbación inicial, se expanden en todas direcciones. Ejemplo → el sonido.

## 3.2. Parámetros importantes en el estudio de las ondas

En todo movimiento ondulatorio, pueden definirse los siguientes parámetros.

- Longitud de onda ($\lambda$) → es la distancia entre dos partículas consecutivas que se encuentran en el mismo estado de vibración. Es una unidad de longitud, por lo que su unidad en el SI es el metro.

- Período ($T$) → es el tiempo que tarda la perturbación en recorrer una distancia igual a la longitud de onda. Su unidad en el SI es el segundo.

- Frecuencia ($\nu$) → es el número de longitudes de onda recorridas por la perturbación en un segundo. Su unidad en el SI es el segundo$^{-1}$ o hertzio (Hz), en honor al físico alemán Heinrich Rudolf Hertz.

- Velocidad de propagación → es el espacio lineal recorrido por la perturbación en un segundo

## 3.3. Algunos fenómenos importantes asociados al movimiento ondulatorio

### 3.3.1. Principio de Huygens

Establece que todo punto de un frente de ondas es capaz de generar nuevas perturbaciones que podrán propagarse en el espacio formando nuevas ondas.

La verificación experimental de este efecto es muy sencilla. Generamos ondas en una bandeja con agua. Interponemos al frente de onda un obstáculo que tenga un pequeño orificio. Observaremos que, al otro lado del obstáculo, se genera un nuevo frente de ondas similar al original.

### 3.3.2. Principio de superposición

Establece que, cuando en un punto confluyen dos ondas distintas, la perturbación comunicada a ese punto es igual a la suma de las perturbaciones que cada onda produciría por separado.

### 3.3.3. Reflexión y refracción

Denominamos reflexión al cambio de dirección que experimenta una onda cuando, al encontrarse un obstáculo, no puede entrar en él y es rebotada. Según la Ley de Snell de la reflexión, el ángulo de incidencia es igual al ángulo de reflexión.

Llamamos refracción al fenómeno por el cual una onda, al pasar de un medio a otro diferente, experimenta una variación en su velocidad lineal. Ello conlleva, si el ángulo de incidencia no es de 90°, un cambio en la dirección de la onda.

Puede definirse, para cada medio en el que puedan propagarse ondas, un índice de refracción. Imaginemos dos medios A y B, con sus respectivos índices de refracción $n_A$ y $n_B$. Imaginemos que una onda, al incidir lo hace con un ángulo $\alpha_A$ (ángulo de incidencia) y al entrar en el medio B entra con un ángulo $\alpha_B$ (ángulo de refracción), ambos ángulos referidos a la línea perpendicular a la superficie de intercambio en el punto de incidencia.

La ley de Snell de la refracción establece que el producto de $n_A$ por el seno de $\alpha_A$ es igual al producto de $n_B$ por el seno de $\alpha_B$.

# 4. EL SONIDO

## 4.1. Concepto

La Real Academia Española de la lengua (edición 2007) define el sonido con varias acepciones.

- ... una acepción más fisiológica: *"Sensación producida en el órgano del oído por el movimiento vibratorio de los cuerpos, transmitido por un medio elástico, como el aire"*

- ... y otra acepción más propia de la física: *"Vibración mecánica transmitida por un cuerpo elástico"*

Las **ondas sonoras** son de **tipo longitudinal** y, al propagarse mediante un sucesivo trabajo de compactación/expansión de las partículas del aire, se denominan en ocasiones **ondas de presión**.

La **velocidad de propagación del sonido** depende de la composición del medio atravesado, de su temperatura,... Así pues, **en el aire atmosférico**, a 20°C, se propaga a **343 m/s**. Esta velocidad es menor a 0°C (331 m/s). Si el aire estuviese compuesto sólo de $O_2$ a 0°C, la velocidad sería aún menor (317 m/s). Al igual que otros medios permiten velocidades de propagación del sonido realmente elevadas: agua dulce (1435 m/s), agua del mar (1500 m/s), vidrio (4800 m/s), aluminio (5100 m/s),...

Los procesos fisiológicos mediante los cuales el cuerpo humano capta el sonido son más propios del tema 57 (Allí han sido explicados. Si el opositor quiere citar algo aquí, no es recomendable que sea más de un párrafo) y no me entretendré en ellos.

## 4.2. Intensidad del sonido

Denominamos intensidad del sonido a la energía transmitida por la onda sonora en una fracción de tiempo a través de una superficie determinada. La unidad de medición es la de $W/cm^2$.

Ahora bien, no es lo mismo la intensidad de un sonido que su nivel sonoro (o sonoridad), que podría definirse como la impresión que un sonido de cierta intensidad genera en el oído humano. La ley de Weber-Fechner establece que la sonoridad es proporcional al logaritmo de la intensidad que la provoca. El factor de proporcionalidad es 10, pero la intensidad no se introduce en la fórmula como tal sino como el cociente entre intensidad real (I) y mínima intensidad que es capaz de captar el oído humano ($I_0$).

La unidad de medida de sonoridad es el decibelio (dB). Su valor oscila entre 0 y 180 en condiciones normales. Una conversación en voz baja tiene una sonoridad de ~20 dB. En el caso del sonido de un reactor de un avión a punto de despegar estaríamos hablando de 150 dB, por ejemplo.

## 4.3. Tono

El tono es la cualidad del sonido mediante la cual el oído humano le asigna un lugar en la escala musical, permitiendo, por tanto, distinguir entre los graves y los agudos. La magnitud física que está asociada al tono es la frecuencia.

El ser humano puede captar sonidos con frecuencias comprendidas entre 20 Hz y 20000 Hz. Los instrumentos musicales se caracterizan, entre otras muchas cosas, por el rango de frecuencias sonoras (tonos) que son capaces de emitir. Por ejemplo, una guitarra española tiene un mínimo de emisión de ~82 Hz y un máximo en torno a los 700 Hz.

Junto con la frecuencia, en la percepción sonora del tono intervienen otros factores de carácter psicológico. Por ejemplo, ocurre generalmente que, al elevar la intensidad, el tono percibido para frecuencias altas aumenta y el de frecuencias bajas es menor de lo habitual. Este fenómeno no es muy aparente si estamos en un rango de frecuencias entre 1000 y 3000 Hz.

## 4.4. Timbre

El timbre es la cualidad que nos permite distinguir sonidos que, presentando el mismo tono e intensidad, procedan de diferentes instrumentos. Esta misma cualidad permite distinguir la voz de personas distintas.

El timbre tiene que ver con la complejidad de las ondas sonoras que llegan al oído. Pocas veces las ondas sonoras corresponden a sonidos puros (a no ser que estemos ante un sonido emitido por un diapasón). La voz y los distintos instrumentos musicales generan un sonido compuesto por vibraciones complejas, cada una de ellas compuesta por una serie de vibraciones armónicas simples de una frecuencia y de una amplitud determinada. Cada una de estas vibraciones simples corresponde a un sonido puro, si se analizase individualmente. Esta mezcla de vibraciones parciales es característica de cada instrumento y define su timbre.

Para descomponer una onda sonora compleja en sus ondas constituyentes más simples (sonidos puros) se hace uso de un formalismo matemático complejo denominad análisis de Fourier.

## 4.5. Efecto Doppler-Fizeau

Tras comentar algunas propiedades de las ondas sonoras, finalizaré este apartado explicando un fenómeno curioso descrito por primera vez por el físico austriaco Christian Johan Doppler (1842) y reforzado por los estudios del físico francés Armand Fizeau (1848).

Este fenómeno consiste en que la frecuencia de un sonido varía cuando existe un desplazamiento relativo entre emisor y receptor. Tenemos experiencia de este fenómeno cuando, por ejemplo, coincidimos en una calle con una ambulancia que llega en sentido opuesto. Evidentemente la frecuencia de emisión del sonido no cambia mientras se acerca o se aleja, pero nosotros percibimos un cambio de tono debido al efecto Doppler-Fizeau.

Una expresión matemática general de este fenómeno sería la siguiente. La frecuencia recibida es proporcional a la frecuencia emitida. El factor de proporcionalidad es 1 más/menos el cociente entre la velocidad del receptor y la del emisor. Emplearemos el signo más si el observador se acerca y el menos si se aleja.

# 5. LA LUZ

La luz es una onda electromagnética de tipo transversal compuesta por partículas denominadas fotones.

## 5.1. Naturaleza de la luz

### 5.1.1. Teoría corpuscular

En 1671, Isaac Newton propuso que la luz estaba compuesta de una serie de partículas que surgían del foco emisor y se propagaban en una trayectoria rectilínea a gran velocidad.

Según este modelo, quedaban explicadas propiedades ya conocidas de la luz, como su propagación rectilínea o la reflexión. Resultó satisfactorio para explicar fenómenos descubiertos con posterioridad: efecto fotoeléctrico, efecto Compton,...

Ahora bien, a la hora de explicar el fenómeno de la refracción de la luz, Newton, basándose en la teoría corpuscular propuso un modelo que implicaba que la velocidad lineal de la luz en el agua es mayor que en el aire. En su época, no existía metodología experimental para verificar este hecho. Fueron unos estudios de León Foucault, en 1862, los que mostraron que la velocidad de la luz era máxima en el vacío y disminuía a medida que aumentaba la densidad del objeto atravesado.

La teoría corpuscular, además, tampoco proporciona una explicación satisfactoria de fenómenos como la difracción o las interferencias.

### 5.1.2. Teoría ondulatoria

En 1678, influido por estudios previos de Robert Hooke, Christiaan Huygens (un astrónomo holandés) propuso la idea de que la luz no era más que un movimiento ondulatorio que se propagaba desde el foco emisor al receptor.

Huygens consideraba que se trataba de un movimiento ondulatorio de tipo longitudinal, similar a las ondas del sonido, al contrario de lo que sabemos hoy en día. No obstante, con esta suposición incluso, elaboró un modelo matemático sobre la refracción de la luz que coincide con la evidencia experimental.

El modelo de Huygens no tuvo éxito inicialmente entre la comunidad científica. Podría decirse que por tres razones...

- todas las ondas que se conocían en esa época se propagaban por medios materiales, y la luz nos llegaba desde el Sol

- si la luz es una onda, debería poder superar los obstáculos sólidos, como hace el sonido. En realidad, la luz (que es una onda transversal) sufre un proceso de difracción al encontrarse un obstáculo sólido

- la gran influencia científica de Newton, que había aportado explicaciones a fenómenos conocidos mediante un modelo completamente distinto

En el 1801, el físico inglés Thomas Young retoma el modelo ondulatorio y consigue explicar las interferencias como resultado de la superposición de dos movimientos ondulatorios en un punto determinado. En este caso, Young cambió sustancialmente el modelo ondulatorio, especificando que la luz era una onda transversal.

En 1815, el físico francés Agustín Fresnel realiza unos estudios para tratar de explicar la difracción mediante el modelo ondulatorio. Desarrolló un buen formalismo matemático (que se conoce como "las integrales de Fresnel") que permite calcular la intensidad de la luz en cada punto tras el difractómetro. Este científico consiguió además otros logros basándose en el modelo ondulatorio: explicar la polarización de la luz, diseñar unas lentes (lentes de Fresnel) que actualmente se emplean en terapia visual para hacer borrosa la imagen que va a un ojo,...

Dos investigadores, Fizeau (1849) y Foucault (1862) diseñaron un protocolo experimental que les permitió evaluar la velocidad de la luz en el agua. Sus conclusiones (expuestas en el apartado anterior, sirvieron de respaldo a la teoría ondulatoria frente a la corpuscular.

### 5.1.3. La naturaleza dual de la luz

Las primeras investigaciones sobre el efecto fotoeléctrico parecieron desmontar de nuevo el modelo ondulatorio. No obstante, cuando en 1905 Einstein expuso la relación entre este efecto y la cuantización de la energía, el modelo retomó de nuevo su vigencia.

Cada vez se fue poniendo más de manifiesto que, si bien la luz tenía partículas, los fotones, la energía de estas partículas dependía de su frecuencia, por lo que presentaba una componente ondulatoria.

Actualmente, se acepta que la luz se comporta en algunos casos como una onda y en algunos casos como un conjunto de partículas. En ningún caso manifiesta ambas naturalezas de forma simultánea.

Como hemos visto, algunos de sus comportamientos se explican según su naturaleza corpuscular y otros según su carácter ondulatorio.

## 5.2. Fenómenos propios de la luz

Dos de los más característicos (reflexión y refracción) ya han sido comentados en el apartado 3 de este tema. Citaré brevemente algún otro fenómeno típico del comportamiento de la luz...

- la velocidad de la luz en el vacío es una constante que suele representarse con la letra c (del latín *celeritas*). En el toma el valor de c = 299.792.458 m/s.

  El primero en tratar de medir esta velocidad fue Galileo Galilei (1564-1642), físico y astrónomo italiano. No obstante, el primer método efectivo vino de la mano del astrónomo danés Ole Roemer (1644-1710) quien estimó, en 1676 y a partir de "retrasos" en los eclipses de las lunas de Júpiter, que la velocidad de la luz era de aproximadamente 225.302 km/s.

- la difracción es la descomposición de un rayo de luz en sus constituyentes más simples. Un rayo de luz suele estar compuesto de muchos rayos simples de diferentes frecuencias. Al descomponerse por difracción, cada rayo (con una frecuencia, y por tanto, con un color determinado) se separa de los demás

- la absorción de la luz. Es el fenómeno por el cual parte de la energía lumínica que atraviesa un medio es transferida al medio en forma de otro tipo de energía (generalmente calorífica).

  Si el mía lumínica es una disolución de un compuesto determinado, la cantidad de radiación absorbida es una medida de la concentración de dicho compuesto. Esta propiedad tiene múltiples aplicaciones en química analítica, pudiéndose determinar concentraciones de sustancias mediante espectrofotometría.

  Un principio importante a este respecto es la ley de Lambert-Beer, según la cual la intensidad que atraviesa la cubeta de un espectrofotómetro se relaciona con la concentración de un determinado compuesto de la forma siguiente. La intensidad de salida es igual al cociente entre la intensidad incidente y la exponencial de un factor. Este factor e igual al producto de la concentración, la longitud de la cubeta y una constante denominada coeficiente de absorción.

# 6. CONCLUSIÓN

Mi exposición ha tratado de ser un breve resumen de los principales rasgos de la energía. He iniciado la explicación refiriéndome a esta magnitud de forma genérica, exponiendo su concepto, sus principales manifestaciones y la definición de trabajo.

Posteriormente, me he centrado en la manifestación de la energía en forma de calor, detallando los principios básicos de la termodinámica.

El tercer apartado lo he dedicado a la explicación del movimiento ondulatorio, como base para el desarrollo de dos manifestaciones energéticas muy comunes: el sonido y la luz.

A describir algunos rasgos de ambos tipos de energía he dedicado los dos últimos capítulos de este tema, con los que doy por concluida mi exposición.

Bibliografía útil:

BALLESTERO JADRAQUE, M. y BARRIO GÓMEZ DE AGÜERO, J. (2006) "Física y química 1° bachillerato", Ed. Oxford

BARRIO BARRERO, J.I. DEL. (2002) "Física y química 1° bachillerato", Ed. SM

DRAGONI, G. ; BERGIA, S. y GOTTARDI, G. (2004) "Quién es quién en la ciencia" (Vols. I y II), Ed. Acento

FIDALGO SÁNCHEZ, J.A. y FERNÁNDEZ PÉREZ, M.R. (2003) "Física 2° bachillerato", 1°ed, Ed. Everest

LÓPEZ RUPÉREZ, F. y otros (1994) "Energía. Física COU", Ed.SM

# TEMA 74

LA NATURALEZA ELÉCTRICA DE LA MATERIA.
CORRIENTE ELÉCTRICA.
ELECTROMAGNETISMO. INDUCCIÓN
ELECTROMAGNÉTICA. LA ENERGÍA
ELÉCTRICA: UNA FORMA PRIVILEGIADA DE
ENERGÍA. EVOLUCIÓN DE LAS NECESIDADES
ENERGÉTICAS DE LA SOCIEDAD. ENERGÍAS
ALTERNATIVAS.

## 0. INTRODUCCIÓN

La Real Academia Española de la Lengua recoge tres acepciones para definir el término electricidad. Inicialmente habla de ella como un rasgo de la materia. Dice así: *"Propiedad fundamental de la materia que se manifiesta por la atracción o repulsión entre sus partes, originada por la existencia de electrones, con carga negativa, y protones, con carga positiva"*. Seguidamente, resalta otro aspecto hablando de una *"forma de energía basada en esta propiedad, que puede manifestarse en reposo, como electricidad estática, o en movimiento, como corriente eléctrica, y que da lugar a luz, calor, campos magnéticos, etc."*. Finalmente, recuerda que también se trata de aquella *"parte de la física que estudia los fenómenos eléctricos"*.

En esta exposición empezaré explicando la primera de las acepciones: la electricidad como propiedad material. Posteriormente, detallaré algunos aspectos referentes a su utilización como fuente de energía. Mantendré la siguiente estructura... (es muy conveniente exponer con claridad, aquí al principio, el orden que se va a seguir, leer el índice de una forma ágil)

# 1. HISTORIA DE LA ELECTRICIDAD

Es sabido que Tales de Mileto, en el siglo VI a.C., hablaba de que algunos objetos como el ámbar, al ser frotados con una especie de goma adquieren la propiedad de atraer objetos ligeros.

Trescientos años a.C., en el Imperio Parto, en la zona del actual Irán, se sabe que utilizaban unos objetos denominados Baterías de Bagdad, que algunos investigadores han considerado como antiguas pilas eléctricas.

Más recientemente, en 1550, en una obra titulada *De Subtilitate*, Girolamo Cardano habla sobre la electricidad, distinguiendo por primera vez entre fuerzas eléctricas y magnéticas. Alrededor de 1600, William Gilbert, conocedor de estos trabajos, acuña por primera vez el término "eléctrico" (proveniente de *elektron*, término griego que designa al ámbar). La primera referencia al término "electricidad" se le atribuye a Sir Thomas Browne en su obra *Pseudodoxia Epidemica* (1646).

A partir de aquí, encontramos una serie de trabajos que empiezan a establecer las bases del estudio de las propiedades eléctricas de la materia.

Los trabajos de Gilbert fueron retomados por Otto van Guericke, que inventó un generador electrostático en 1660. En 1675, Robert Boyle afirmó que las interacciones eléctricas podían darse a través del vacío. En 1729, Stephen Gray clasificó los materiales como aislantes y conductores. En 1745, Pieter van Musschenbroek inventó la botella de Leyden, una especie de almacenador de energía eléctrica. Dos años más tarde, William Watson descubrió con este instrumento que una descarga de electricidad estática es equivalente a una corriente.

Pocos años más tarde (1752) encontramos los experimentos de Benjamin Francklin, mostrando como los rayos son descargas eléctricas, mediante un peligroso experimento en el que consiguió que una cometa debidamente conectada pudiese cargar una botella de Leyden al ser impactada por un rayo. Posteriormente, inventó el pararrayos. Este autor se considera el que estableció la nomenclatura de electricidad positiva y negativa (aunque algunos la atribuyen a Ebenezer Kinnersley, un científico de Philadelphia).

Nutridos desde los trabajos de Francklin, numerosos científicos se dedicaron el estudio de los fenómenos eléctricos, estableciendo las bases de la tecnología eléctrica moderna. En este conjunto encontramos nombres como Faraday, Galvani, Volta, Ampère, Ohm,...

Volta descubrió que mediante reacciones químicas se podrían crear objetos cargados positivamente (ánodos) y negativamente (cátodos). La diferencia de potencial eléctrico entre ambos objetos (denominada voltaje) permite el paso de corriente eléctrica entre ellos. De aquí viene el nombre de la unidad voltio para medir esta diferencia de potencial. En 1800, Volta diseñó la primera pila eléctrica.

A finales del siglo XIX, encontramos ya numerosas personas dedicadas a una profesión que estaba perfectamente separada del trabajo de los físicos. Eran los ingenieros eléctricos. Durante años sucesivos, se asiste a un continuo avance en el desarrollo de aplicaciones basadas en electricidad, de las que citaré sólo algunos ejemplos:

- 1873 → basado en los trabajos de Maxwell, Hertz muestra que la electricidad se puede transmitir en forma de ondas electromagnéticas. Esto dio lugar a la aparición de los primeros telégrafos sin cables, gracias a científicos como Tesla y Popov, durante los 1890's)

- 1878 → Thomas A. Edison inventa la primera lámpara incandescente

- 1901 → Peter Hewitt inventa la lámpara de vapor de mercurio

- Principios de siglo XX → George Westinghouse inventa la locomotora eléctrica basada en corriente alterna, descrita e implantada por George Steinmetz.

# 2. LA NATURALEZA ELÉCTRICA DE LA MATERIA

Al frotar algunos objetos como un bolígrafo, estos adquieren la capacidad de atraer objetos ligeros hacia sí, por ejemplo un conjunto de papeles situados sobre una mesa. De alguna forma, se genera una fuerza opuesta y capaz de vencer a la fuerza de la gravedad.

## 2.1. La interacción electrostática

Esta interacción entre dos cuerpos que han sido "activados" por rozamiento puede ser de tipo atractivo o repulsivo, y se denomina interacción electrostática.

Sabemos, por ejemplo, que la masa es la entidad física de alguna forma causante de la interacción gravitatoria. ¿Cuál es esta entidad respecto a la interacción electrostática? Se trata de una propiedad fundamental de la materia que se denomina carga eléctrica.

No sé sabe con exactitud qué es y por qué se origina una carga eléctrica. Ahora bien, es conocido que el electrón tiene una carga inherente y que ésta no puede ser eliminada. Esta carga, medida por Robert Millikan en 1909, se simboliza como e y tiene un valor de $1,6 \cdot 10^{-19}$ culombios.

De la carga eléctrica sabemos que...

- existen dos tipos: positiva y negativa

- cualquier valor de carga es siempre un múltiplo de la carga del electrón (e)

- se conserva en un proceso aislado

- la fuerza entre dos cargas varía con el inverso del cuadrado de la distancia que las separa (concretaré esto a continuación)

- su unidad en el sistema internacional es el Coulomb (C)

En el estudio de la interacción electrostática, es clave el trabajo publicado en 1785 por Charles Augustin de Coulomb, en el que determinaba las fuerzas con que dos cargas del mismo signo se repelen. De este estudio y algunas formulaciones posteriores, deriva la Ley de Coulomb de la interacción electrostática, que podría resumirse en tres puntos...

- la fuerza es inversamente proporcional al cuadrado de la distancia entre las cargas

- la fuerza es directamente proporcional al producto entre las cargas. La constante de proporcionalidad depende de la naturaleza del medio. En el vacío es de $8,9 \cdot 10^{-12}$ C²/Nm²

- la fuerza es repulsiva entre cargas de signo idéntico y atractiva en el caso contrario

La constante de proporcionalidad se calcula como la inversa de $4\pi\varepsilon$, donde $\varepsilon$ es la permitividad del medio (que depende de cada sustancia).

## 2.2. El campo eléctrico

Si situamos una carga Q en una zona del espacio, toda carga que se acerque a ella experimentará una interacción repulsiva/atractiva dependiendo de su signo, que irá aumentando su intensidad a medida que disminuye la distancia.

En resumen, existe una zona de influencia alrededor de toda carga, que se denomina campo eléctrico. Este concepto fue introducido por Michael Faraday a mediados del siglo XIX.

La intensidad de un campo eléctrico en un punto se define como la fuerza que actúa sobre una carga positiva situada en él. Su unidad en el (SI) es el N/C.

El campo eléctrico es una magnitud vectorial, de la misma dirección y sentido que la fuerza que actúa sobre la carga introducida. Si medimos este campo eléctrico alrededor de una carga podemos dibujar las líneas de fuerza del campo eléctrico que genera, que vienen a representar la trayectoria que seguiría una carga puntal influenciada únicamente por este campo.

## 2.3. La diferencia de potencial

Al igual que la fuerza de la gravedad, la fuerza electrostática entre dos cargas es también de tipo conservativo, por lo que podemos definir una energía potencial asociada a este tipo de interacción. Esta energía potencial se puede transformar en trabajo mecánico, en energía cinética de las partículas cargadas,...

Denominamos potencial eléctrico en un punto determinado a la energía potencial de una carga positiva situada en ese punto. Es decir, potencial es igual a energía potencial partido por carga. Su unidad de medida en el SI es el voltio (V).

Si entre dos puntos hay una diferencia de potencial, las cargas se moverán hacia el lugar en el que su energía potencial vaya a ser menor, es decir, seguirán la trayectoria marcada por una diferencia de potencial negativa.

# 3. LA CORRIENTE ELÉCTRICA

Siguiendo con el final del apartado anterior, podemos definir corriente eléctrica como "el flujo de cargas que se establece entre dos puntos si entre ambos existe una diferencia de potencial".

Resultan necesarias dos condiciones para que se produzca una corriente eléctrica...

- que exista una diferencia de potencial, como acabo de citar

- que el material permita el flujo de cargas, que explicaré a continuación

Decimos que un material es aislante, dieléctrico o no conductor si es capaz de retener la carga que se le transfiere en una región determinada, y no permite que viaje a través de él.

Decimos que un material es conductor cuando permite que la carga que se le transfiere viaje libremente por su interior.

Entre ambos tipos, como ocurre muchas veces al hacer clasificaciones, no existe un límite estricto. Sería más propio hablar en otros términos: "este material es un mal conductor", "es un buen conductor",...

Existen algunos materiales que conducen la electricidad sólo en ciertas condiciones, que en ocasiones son modulables a voluntad, lo que los hace muy adecuados para algunas aplicaciones industriales. Se les denomina semiconductores.

## 3.1. Generar corriente eléctrica

El primer generador de corriente eléctrica o batería fue diseñado por Alessandro Volta en 1800. Conceptualmente, todo sistema de estas características ha de cumplir un único requisito: ser capaz de mantener una diferencia de potencial entre dos puntos separados por un material conductor.

Cuanto mayor sea la diferencia de potencial, mayor será el trabajo realizado por una carga al ir de un extremo a otro del conductor. Esta característica de un sistema generador se denomina fuerza electromotriz (fem) y se mide en voltios.

¿Quién aporta la energía capaz de mantener la diferencia de potencial de forma permanente en un generador? Existen diferentes fuentes y mecanismos: aprovechar energía de las reacciones redox (como en la pilas convencionales), aprovechar energía mecánica (de un salto de agua, de la rueda de una bici,...), aprovechar la energía del Sol,...

## 3.2. Elementos de un circuito eléctrico

En todo sistema en el que circule la corriente eléctrica suelen encontrarse los siguientes elementos

- generador de la diferencia de potencial

- resistencia (viene dada por el hecho de que cierta cantidad de energía es transferida al material conductor en forma de calor, luz,...)

- interruptor (dispositivo que permite controlar a voluntad el paso de corriente)

Las propiedades del generador ya las he comentado y el interruptor es un concepto simple. Comentaré algún aspecto más sobre la resistencia.

Todo material, aún siendo conductor, presenta cierta resistencia al paso de la corriente. Si imaginamos un conjunto de electrones cargados moviéndose a través de un material, podemos entender de forma intuitiva a qué se debe esta resistencia: número de poros entre las partículas que componen el material, tamaño de los poros, carga de las partículas del conductor, estado de vibración (es decir, temperatura del material),... es evidente que materiales de distinta naturaleza opondrán resistencias diferentes.

Como reglas generales, sabemos que la resistencia depende de...

- la naturaleza del material

- la temperatura

- la sección transversal

- la longitud

Suele emplearse un parámetro combinado para calcular la resistencia en base a los efectos citados: La resistividad (medida de la naturaleza y la temperatura). Así pues, la resistencia se calcula como el producto entre resistividad y longitud del conductor, dividido por el área de su sección transversal.

La unidad de resistencia en el SI es el Ohmio ($\Omega$).

## 3.3. Intensidad de la corriente, ley de Ohm y asociación de resistencias

Definimos intensidad de corriente como la cantidad de carga eléctrica que atraviesa cierta sección de un conductor por unidad de tiempo. Su unidad en el SI es el amperio (A), que equivale a 1 C/s.

En el estudio de circuitos eléctricos, conviene definir el sentido de circulación de la corriente. Arbitrariamente se ha establecido que éste será el que lleva un flujo de cargas positivas, es decir, que es opuesto al flujo de electrones.

En 1826, un profesor de secundaria alemán, Georg Simon Ohm, estudió la relación entre la intensidad, la resistencia y el voltaje, llegando a la conclusión de que la intensidad es directamente proporcional al voltaje e inversamente proporcional a la resistencia. Esta regla se conoce como Ley de Ohm y es de aplicación en la mayoría de los casos.

Existen algunos conductores muy especiales (por ejemplo, algunos gases ionizados), que se denominan no-ohmicos, en referencia a que en ellos no se cumple esta sencilla regla.

En un circuito eléctrico, las resistencias pueden colocarse en serie o en paralelo. Si se colocan en serie, por cada una de ellas pasa toda la intensidad de corriente. En cambio, si se colocan en paralelo, cada resistencia recibirá una intensidad determinada que puede calcularse sencillamente aplicando la Ley de Ohm.

# 4. ELECTROMAGNETISMO E INDUCCIÓN ELECTROMAGNÉTICA

## 4.1. Electromagnetismo

### 4.1.1. Origen del electromagnetismo

Las propiedades especiales de un derivado del hierro, la magnetita, para atraer trozos de hierro colocados en sus proximidades, son conocidas desde hace más de 2000 años. El aprovechamiento de estas propiedades para beneficio humano se evidencia en la fabricación de las primeras brújulas en China hacia mediados del siglo XI.

No obstante, hubo que esperar hasta el siglo XIX para que se llegase a conocer la relación entre la electricidad y el magnetismo. Esto fue posible gracias a H. Oersted (1819), quien observó que la corriente eléctrica circulando por un elemento conductor creaba a su alrededor un campo magnético similar al generado por un imán.

En definitiva, los campos eléctricos y magnéticos son dos manifestaciones diferentes de una misma característica fundamental de la materia, la carga eléctrica. Por ello, resulta más preciso hablar de campo electromagnético para describir el comportamiento de cargas en movimiento.

La síntesis entre los conocimientos de la electricidad y el magnetismo se debe en gran parte a los trabajos de Maxwell, quien desarrolló un formalismo matemático al respecto.

### 4.1.2. Relación entre cargas móviles y campos magnéticos

Puede observarse una relación clara entre estas dos entidades físicas. Trataré de expresarla en los siguientes puntos:

- si tenemos una carga móvil, con velocidad lineal "v", situada en un campo magnético, éste ejerce una fuerza sobre ella, que es una magnitud vectorial denominada "F". La magnitud y dirección de esta fuerza se calcula multiplicando la carga por el producto vectorial entre v y el vector del campo magnético en ese punto (normalmente designado con la letra B).

- si sobre esta carga actúa también un campo eléctrico, la fuerza ejercida por este campo se suma vectorialmente al vector anterior. Esta fuerza del campo eléctrico no es más que el producto de la carga por el vector del campo (normalmente designado con la letra E).

- la suma de la fuerza ejercida por los campos magnético y eléctrico sobre una carga puntual se denomina fuerza de Lorentz, en honor a este físico holandés de la segunda mitad del siglo XVIII.

– A su vez, una carga eléctrica que se mueve genera un campo magnético, lo que pudo ser definido gracias a los trabajos de Ampére y Laplace, y que ejemplificaré en los dos apartados siguientes.

### 4.1.3. Campo generado por una corriente eléctrica

Alrededor de un conductor rectilíneo por el que fluye una corriente, se genera un campo magnético.

Si el conductor tiene una geometría circular (es una espira), el campo magnético generado será más intenso en el interior que en el exterior de la espira.

### 4.1.4. Inducción electromagnética

La inducción electromagnética es el fenómeno por el cual se genera una fuerza electromotriz en un medio o cuerpo expuesto a un campo magnético variable, tanto por la intensidad del campo magnético como por la proximidad del objeto a él.

Si se trata de un cuerpo conductor, se induce una nueva corriente eléctrica. Este fenómeno fue descubierto por Michael Faraday, quien además indicó que la diferencia de potencial inducida es proporcional al grado de variación del campo magnético (Ley de Faraday).

En 1833, el físico ruso Heinrich Lenz verificó un fenómeno muy curioso. La corriente generada crea un campo magnético que se opone al cambio de flujo magnético que originó la corriente (Ley de Lenz).

### 4.1.5. Autoinducción

Si varía la intensidad de corriente en una espira, el campo magnético también cambiará, lo que a su vez inducirá una corriente opuesta a la variación de corriente que la produjo. Se trata del fenómeno de autoinducción electromagnética.

En esta propiedad de "conservación del flujo eléctrico original" puede verse un mecanismo análogo a la ley de la inercia. Ésta sería para la mecánica lo que la autoinducción es para la electricidad.

El poder de autoinducción de un conjunto de espiras (una bovina) se denomina inductancia, y la unidad para medirla se denomina henrio.

# 5. LA ENERGÍA ELÉCTRICA

Estudios de James Prescott Joule y Herman von Helmohltz alrededor de 1840 demostraron que los circuitos eléctricos cumplen la Ley de conservación de la energía, y que la electricidad es una forma de energía, por tanto capaz de producir un trabajo.

## 5.1. El efecto Joule

No conviene olvidar, y prefiero citarlo al principio de la descripción de la energía eléctrica, que la mayor parte de energía cinética que adquieren las partículas en un circuito eléctrico, se pierde debido a las colisiones entre las mismas partículas, lo que genera una disipación de energía calorífica.

Fe el propio Joule el que describió este efecto y encontró la forma de cuantificarlo. Por ello este proceso de disipación energética se conoce como efecto Joule. El físico inglés fue el primero en demostrar que el calor transferido cuando una corriente eléctrica atraviesa una resistencia puede calcularse como un producto de tres factores: el cuadrado de la intensidad, la resistencia y el tiempo.

Evidentemente, el efecto Joule, que puede ser algo a evitar en el caso de transportar la energía eléctrica a grandes distancias, en otras ocasiones resulta beneficioso como una forma de transformar la energía eléctrica en otras formas más útiles (generación de calor, fines mecánicos,...)

## 5.2. La potencia consumida por un circuito eléctrico

La potencia se define como el trabajo realizado en la unidad de tiempo (W/t). En caso de un circuito eléctrico, llamaremos potencia consumida a la velocidad con que se disipa la energía, y la calcularemos como el producto entre la resistencia y el cuadrado de la intensidad. Fijémonos que es una expresión derivada fácilmente de la fórmula de calor transferido en el efecto Joule.

En correspondencia con nuestra experiencia cotidiana, una bombilla de 40W consume más potencia que una de 100W. Esta segunda iluminará más, dado que la cantidad de luz es proporcional a la energía irradiada.

## 5.3. Producción de energía eléctrica

La electricidad se genera generalmente a partir de dispositivos electromecánicos que denominamos generadores. Un generador tienen dos unidades básicas: el electroimán con sus bobinas, y la armadura, que es la estructura que sostiene los conductores que cortan el campo magnético y transporta la corriente inducida.

La fuente que suministra la energía inicial puede ser la combustión de materiales como el petróleo o el carbón, las reacciones de fisión nuclear, la energía cinética de las olas o del viento y otras formas de energía que especificaré al final.

Un hito importante en la historia de la producción de energía eléctrica es la posibilidad de centralizar este proceso en unos pocos lugares y realizarlo a gran escala. Ello fue posible cuando se vio que la corriente alterna podía ser transportada a bajo coste a grandes distancias, gracias a la posibilidad de modular la intensidad de voltaje mediante transformadores.

# 6. EVOLUCIÓN DE LAS NECESIDADES ENERGÉTICAS DE LA HUMANIDAD

Desde el advenimiento de la revolución industrial, entre los siglos XVIII y XIX dependiendo del lugar, el consumo de energía a nivel mundial ha crecido de forma exponencial.

Como dato aproximado, podríamos decir que en 1900 el consumo de energía global era cercano a los 0,7 TW (teravatios). No obstante, el siglo XX ha sido testigo de un incremento muy abrupto del gasto de combustibles fósiles. En 2007 podríamos decir que este valor es veinte veces superior al de principios de siglo. Y ha sido este tipo de energía el principal artífice (en un 86%) de que estemos hablando actualmente (según datos de la Administración de Información Energética de EEUU) de un consumo de energía de 15 TW a nivel planetario.

De estos 15 TW, unos 5,6 provienen del petróleo, 3,5 del gas natural, 3,8 del carbón, 0,9 de las centrales hidroeléctricas, 0,9 de las nucleares y tan sólo 0,13 de otras fuentes de energía como la geotérmica, eólica, solar... A estas fuentes alternativas dedicaré el último apartado de mi exposición, pero adelanto ya que, si bien su uso es deseable, su implementación práctica dista aún de ser mayoritaria.

Finalizaré este breve apartado haciendo una referencia a la evolución de consumo energético en una época cercana a la actual.

Los datos sobre consumo energético son muy variados y no es fácil acceder a datos globales fiables. Una fuente de información que da bastantes garantías es la Administración citada anteriormente. En uno de sus documentos más recientes (informe de 2007), hace un análisis de la evolución del consumo energético desde 1990 hasta la actualidad, haciendo incluso una predicción, basada en operaciones muy esperables, de cara al consumo energético mundial hasta 2030. Según estos datos, el consumo total de energía se duplica holgadamente (~x2.2) durante este período de tiempo.

Curiosamente, este efecto se ve mucho más acusado en los países no pertenecientes a la OCDE (~x3) que en los estados miembros de la OCDE (~x1.2)

# 7. ENERGÍAS ALTERNATIVAS

Definimos energía renovable como aquella que proviene de una fuente que está disponible en cantidades muy difícilmente agotables a escala humana, o que se renuevan con la misma rapidez con la que se consumen.

Este tipo de energías vio aumentada su rentabilidad a raíz de la crisis petrolífera de 1973, en la que se produjo una subida del precio del petróleo. Una repercusión muy importante de esta crisis fue la de alertar a muchos estados sobre la necesidad de desarrollar tipos de energía alternativos que disminuyera su dependencia con el petróleo.

Citaré brevemente algunos de estos tipos de energía. Todas las energías alternativas, en general, tienen la ventaja de ser renovables y no contaminantes. Por contrapartida, suelen tener el inconveniente de que su implantación no siempre es sencilla ni barata, porque su baja rentabilidad ha impedido, en muchos casos, fomentar un serio trabajo de mejora técnica.

- energía eólica. Es la energía que se obtiene al aprovechar, mediante aerogeneradores, la energía cinética del viento. Tiene el inconveniente adicional de ser intermitente, de interferir con las rutas de migración de algunas aves y de producir un elevado grado de contaminación acústica a nivel local.

  Europa es el principal lugar del mundo en la implantación de esta energía (~75% del total mundial), siendo Alemania el principal productor. En España, existe una gran proliferación de parques eólicos (ciudades como Zaragoza o Pamplona adquieren gran parte de su abastecimiento mediante este sistema). Destaca especialmente el parque eólico de Tarifa (en Andalucía) por sus dimensiones.

- energía solar. Se basa en la transformación de la radiación solar en energía eléctrica mediante el efecto fotovoltaico. La radiación incide sobre un semiconductor, generando una diferencia de potencial. Los parques solares tienen el inconveniente de ocupar grandes superficies de terreno generando un elevado impacto visual.

  La primera central fotovoltaica de España se instaló en Puebla de Montalbán (Toledo). Desde entonces ha proliferado esta estrategia de obtención de energía. En la actualidad (datos de 2004), Andalucía es la mayor productora de este tipo de energía (3,1 MW), seguida de Cataluña (1,7 MW), Navarra (1,6 MW) y Castilla- La Mancha (1,2 MW). La central solar más grande se encuentra actualmente en Tudela (Navarra) y produce 1,3 MW.

- energía de la biomasa. Se trata de obtener energía mediante la combustión de la biomasa por diferentes mecanismos químicos (combustión directa, pirolisis, gasificación,...) o bioquímicos (fermentación metanogénica, fermentación alcohólica,...)

- energía mareomotriz. Aprovecha la energía cinética de las transiciones mareales entre bajamar y pleamar. Sólo es rentable actualmente en lugares donde el desnivel en altura entre estos dos estados es elevado. Se encuentra implementada en zonas como el Canal de La Mancha, costa oriental de EEUU,...

- energía de las olas. Aprovecha la energía cinética de estas ondulaciones. Requiere una implementación sofisticada. En España existen centrales de este tipo, por ejemplo, en Santoña (Cantabria)

- energía geotérmica. Trata de aprovechar el potencial térmico del interior de la Tierra, en zonas en las que el gradiente geotérmico es superior al promedio. En algunas zonas del mundo (América Central, oeste de EEUU, Japón,...) existen instalaciones de este tipo, aprovechando la presencia de agua subterránea (yacimientos húmedos) o introduciendo agua en zonas apropiadas para emplearla en producción de electricidad posteriormente (yacimientos secos). Un inconveniente importante en este tipo de instalaciones es el elevado poder de corrosión del agua a altas temperaturas. En España se trata de un procedimiento aún extraño (empleado en algunos lugares de Murcia, no con fines de obtención de energía eléctrica, sino para calentar agua).

# 8. CONCLUSIÓN

La materia presenta propiedades eléctricas. Éstas han pasado históricamente de ser una mera anécdota científica a constituir la base física de lo que podríamos denominar la tecnología más arraigada del planeta: el uso de la electricidad.

Son numerosos los países en los que es difícil imaginar un hogar sin suministro de electricidad.

Al estudio de esta propiedad, a su relación con los campos magnéticos, y a las diversas formas de producirla he dedicado esta exposición, que doy por concluida agradeciendo la atención prestada.

Bibliografía útil:

BALLESTERO JADRAQUE, M. y BARRIO GÓMEZ DE AGÜERO, J. (2006) "Física y química 1º bachillerato", Ed. Oxford

BARRIO y BARRERO, J.I. DEL. (2002) "Física y química 1º bachillerato", Ed. SM

DRAGONI, G. ; BERGIA, S. y GOTTARDI, G. (2004) "Quién es quién en la ciencia" (Vols. I y II), Ed. Acento

FIDALGO SÁNCHEZ, J.A. y FERNÁNDEZ PÉREZ, M.R. (2003) "Física 2º bachillerato", 1ºed, Ed. Everest

GARCÍA GREGORIO, M y cols. (2004) "Ciencias de la Tierra y del Medio Ambiente", Ed. Ecir

LÓPEZ RUPÉREZ, F. y otros (1994) "Energía. Física COU", Ed.SM

# TEMA 75

EL TRABAJO EXPERIMENTAL EN EL AREA DE CIENCIAS. UTILIZACIÓN DEL LABORATORIO ESCOLAR. NORMAS DE SEGURIDAD.

## 0. INTRODUCCIÓN

"Mis vecinos contaban que las conversaciones con mi padre habían hecho de mí un muchacho avispado. Mi padre constantemente me enseñaba cosas. Salíamos a pasear largas horas por los parques cercanos y comentábamos, me hacía preguntas, me dejaba pararme y sorprenderme,... Un día, jugando con un amigo en el patio de mi casa, pasó un pájaro muy cerca del suelo. Los dos nos quedamos parados mirándolo. "Mira qué pájaro ¿sabes cómo se llama?" Contesté: "¡Ni idea!" Mi amigo, sorprendido, me recriminó: "¿Es que no te enseña nada tu padre?". Por supuesto, pensé para mis adentros, que mi padre me había hablado de ése y muchos otros pájaros, pero de una forma muy distinta. Recuerdo un día que me dijo: "¿Ves aquel pájaro? Es un Spencers Werber... bueno, en italiano se llama Chutto Lapittida... y en Portugal lo nombran como un Bom da Peida... los chinos hablan de un Cheng-long-tah... Podrías saber el nombre de este pájaro en todos los idiomas del mundo, pero cuando los hubieras aprendido todos, no sabrías nada del pájaro. Así que **observa el pájaro, mira lo que está haciendo y hazte preguntas. ¡Eso es lo que cuenta! De esta forma mi padre me enseñaba la diferencia entre saber únicamente el nombre de las cosas y saber cosas**".

Este texto, adaptado de la obra EL PLACER DE DESCUBRIR de Richard P. Feynman, expone el punto de partida de la actividad experimental, esencial para el desarrollo de la ciencia: la capacidad de observación, de hacerse preguntas y esa ilusión para aprender continuamente, consciente de la propia ignorancia.

En este tema, trataré de exponer la importancia del trabajo experimental en la ciencia y cómo este trabajo aparece en las estrategias docentes de la educación secundaria. Lo haré siguiendo el orden que cito a continuación... (es muy conveniente exponer con claridad, aquí al principio, el orden que se va a seguir, leer el índice de una forma ágil)

## 1. EL TRABAJO EXPERIMENTAL EN LAS CIENCIAS DE LA VIDA

Podríamos decir que la estrategia de conocimiento más extendida en biología y geología es la experimentación basada en el método hipotético-deductivo. En definitiva, se trata de la aplicación del método científico.

Si bien es cierto que existen aproximaciones puramente teóricas, éstas resultan a efectos cuantitativos mucho menos representadas en el panorama actual de las ciencias de la vida, sin que ello signifique que su aportación sea menos válida. De hecho, la visión teórica de los problemas biológicos constituye una fuente inestimable de nuevas ideas, que toda actividad científica con intención de progresar hacia el conocimiento de la realidad debe cuidar.

## 1.1. Etapas de un proceso experimental de conocimiento

Especificada la importancia de la ciencia teórica, pasaré a centrarme en el núcleo de este tema: el trabajo experimental y cómo se desarrolla.

Consta de los siguientes pasos:

- **Observación:** Todos las actividades de recogida de datos, de observación de cualquier aspecto de la realidad, entrarían en este apartado. Puede requerir, en ocasiones, metodologías muy sofisticadas y diseños experimentales muy precisos. Cuanto más numerosas y de más calidad sean las observaciones, mejor enfocada estará la investigación posterior.

  Conviene también señalar que un protocolo defectuoso de observación (una preparación microscópica mal teñida, unos tiempos mal tomados, unos reactivos de concentración dudosa,...) resulta letal para el éxito de la investigación posterior.

  Dado que prácticamente cualquier estudio científico actual se apoya en datos conocidos anteriormente, el estudio de la bibliografía respecto a un determinado aspecto de la naturaleza es un rasgo imprescindible de todo buen procedimiento de observación.

- **Plantear una cuestión:** es crucial que, tras observar la realidad, el investigador sea capaz de plantearse una pregunta con dos peculiaridades:

  o que sea **relevante**, que no atienda a aspectos marginales del problema, sino que se centre en cuestiones realmente importantes para el avance del conocimiento

  o que esté planteada de forma adecuada, es decir, que su respuesta sea lo más **sencilla y clara** posible.

- **Hipótesis:** se trata de una resolución inicial, tentativa, intuitiva, de la pregunta. Es importante que no se acepte como cierta desde el

2

momento de su formulación, sino que se vea como una posibilidad más. La hipótesis, aparte de ser útil para poder centrar el planteamiento posterior del experimento, ayuda también, al ser una primera respuesta, a pulir el planteamiento de la pregunta y ver si era suficientemente relevante y clara.

- **Planteamiento experimental:** Es el paso clave. En él se controlan algunas variables y se deja el sistema evolucionar según unos pocos parámetros. De esta forma los resultados obtenidos están, en la medida que se puede, exentos de ruido, y pueden informarnos sobre la pregunta planteada. Es muy importante tener en cuenta una serie de factores en la definición de un experimento:

  o Definir con claridad la variable cuyo valor mediremos

  o Definir una serie de controles. Se trata de medir, en el mismo experimento, aquellos parámetros cuya variación podría influir el valor de la variable en estudio. Estos parámetros se han de tener controlados, es decir, o evitamos que varíen o conocemos exactamente la magnitud de esta variación y de sus efectos.

  o Definir la metodología de medida, para que pueda ser revisada con posterioridad en atención a posibles valores sospechosos. Debe verificarse el correcto funcionamiento del instrumento de medida y la magnitud de su error sistemático. De la misma forma, debe asegurarse al máximo la aptitud técnica del experimentador en ese procedimiento concreto, así como la idoneidad de las condiciones de trabajo (por ejemplo, un contaje de microscópico de cantidad de eritrocitos requiere que el observador no esté saturado, porque ello afecta a las medidas).

- **Observación y estudio de los resultados:** Es conveniente que sean interpretados con la máxima objetividad posible. Los procedimientos como el "doble ciego" en estudios farmacológicos son un ejemplo de este intento de objetividad. Es bueno, en este sentido, que los mismos datos los evalúen  personas diferentes, o que no hayan tenido necesariamente conocimiento de las condiciones de partida, ni de la hipótesis, etc.

Un adecuado estudio de los resultados debe…

  o …verificar, de acuerdo con los controles realizados, si el experimento puede considerarse válido o no.

  o …asegurarse de que los resultados son reproducibles, es decir, que un planteamiento experimental idéntico, partiendo de las mismas condiciones, puede llegar a los mismos resultados dentro de un margen razonable.

- **Repetición de los pasos anteriores:** el ciclo observación-pregunta-hipótesis-experimento-resultados debe repetirse tantas veces como sea necesario hasta que la cantidad de conocimiento sobre un tema o aspecto concreto sea suficiente como para considerarla una aportación científica. El conjunto de suposiciones que se van ensamblando, el modo de diseñar nuevas preguntas, etc. se denomina en ciencia "modelo" de razonamiento. En el momento en que un modelo ya es lo suficientemente robusto como explicación de un fenómeno, podemos pasar al siguiente paso en esta estrategia de conocimiento.

- **Expresar el conocimiento de manera ordenado en forma de leyes o teorías:** La teoría explica las bases de un fenómeno, y sirve de punto de partida para nuevas aportaciones. Es, podríamos decir, un "modelo consolidado gracias a la enorme cantidad y calidad de resultados". No obstante, al hablar de conocimiento científico estamos siempre ante una entidad revisable, susceptible de crítica y de ser cuestionada en base a futuros hallazgos o razonamientos.

## 1.2. Reflexiones acerca del trabajo experimental

Muchos libros de texto se limitan con frecuencia a realizar una descripción aséptica, simplemente correcta, del método científico, de sus pasos, de sus mecanismos,...

Sin que sea quizá su intención, en ocasiones puede quedarle al alumno la idea de que está ante un protocolo infalible que lleva hasta un conocimiento real objetivo. Con demasiada frecuencia se escuchan frases como *"lo ha dicho la ciencia", "las evidencias científicas afirman...", "desde una perspectiva puramente científica..."*

No obstante, el método científico es más identificable con un *modus operandi* ideal que con un hábito de trabajo excesivamente frecuente. Es difícil llevar a cabo una investigación científica limpia y seguir con escrupulosidad y finura todos y cada uno de los pasos anteriores.

Quisiera detenerme a explicar algunos aspectos de este tipo de metodología que hacen de ella un camino altamente frágil, que lleva al conocimiento si y sólo si se pone un enorme cuidado en su ejecución.

- **La revisión bibliográfica no siempre es exhaustiva.** En la actualidad se dispone de herramientas informáticas que agilizan enormemente este proceso. Búsquedas avanzadas, cruces entre artículos (por temáticas relacionadas, por palabras coincidentes en título/resumen, por artículos que citan el presente trabajo, por referencias citadas,...),... todo ello hace más posible la tarea de "recopilar todo el conocimiento acerca del problema concreto de estudio".

Existen herramientas muy sofisticadas en este sentido. Por ejemplo, bases de datos como BLAST y derivadas permiten buscar, ante un nuevo fragmento de ADN secuenciado, si alguien ha publicado algo al respecto (con tan sólo conocer la secuencia!), si está, aunque oculto, en alguna otra secuencia publicada con otro fin. Otro ejemplo, de aplicación, por ejemplo, en diseño de fármacos, son las nuevas versiones de SciFinder Scholar. Este software permite buscar toda la bibliografía referente a un compuesto químico a partir tan sólo de un fichero de coordenadas (sin que conozcamos para nada el nombre del compuesto). Permite también buscar artículos sobre derivados estructurales.

Los datos anteriores nos hacen ver que el proceso de "revisión bibliográfica es arduo" y no siempre es acometido con diligencia por quien investiga. En ocasiones por falta de voluntad, en otras por falta de tiempo o porque se priorizan otras tareas. Ello puede llevar al desgaste de energías (con la consiguiente carga económica, temporal,...), a la repetición de resultados, al estancamiento en los mismos errores metodológicos,...

- **Es indispensable un reciclaje en el conocimiento de los instrumentos y las técnicas experimentales.** Los catálogos de las empresas de reactivos químicos y kits de laboratorio son inabarcables, ya no sólo desde la perspectiva económica, sino muchas veces por el simple hecho de que el científico no tiene tiempo material para dedicarse a leerlos.


- **En los sistemas biológicos intervienen muchas variables.** Lo deseable sería que los experimentos pudiesen ocuparse de resolver preguntas concretas con independencia de la complejidad del sistema, pero el control total del resto de variables que no intervienen directamente en el estudio no siempre es posible.


- **La subjetividad de entrada está siempre presente.** La idea de que el investigador se aferre a la hipótesis de partida por cualquier motivo (el hecho de que sea suya, la facilidad práctica o la "corrección política" del resultado,...) no debe descartarse.

# 2. LA CIENCIA EXPERIMENTAL EN LA EDUCACIÓN SECUNDARIA

Dentro de las múltiples tareas que conforman el proceso de enseñanza-aprendizaje en el área de ciencias en Secundaria, deben incluirse las relativas al trabajo experimental.

En el apartado anterior, he tratado de señalar algunos aspectos relevantes del trabajo experimental. Considerando como un objetivo docente la formación de personas en un conocimiento de la ciencia, tanto en sus contenidos como en sus métodos, trataremos de trabajar estos aspectos en el aula.

En primer lugar, es necesario un trabajo de formación de las actitudes y procedimientos comentados en el apartado anterior, es decir, la capacidad...

- ... de observación

- ... de formular preguntas relevantes y claras

- ... de plantear hipótesis

- ... de considerar las hipótesis como una posible solución y no como la solución que, de cumplirse, justifica sin crítica todo el protocolo empleado

- ... de plantear diseños experimentales sencillos

- ... de desarrollar estos experimentos de forma concreta (preparación correcta de disoluciones, medidas, cálculos asociados,...)

- ... de trabajar con finura, precisión y cierta rapidez

- ... de revisar estos procedimientos

- ... de evaluar el desarrollo del experimento y detectar posibles errores

- ... de reconocer errores sistemáticos y diferenciarlos de los errores estadísticos

- ... de presentar los resultados de forma ordenada

- ... de extraer, a partir de los datos obtenidos como resultado, la respuesta a la pregunta concreta planteada

- ... de escuchar la crítica de los demás sobre los propios resultados, protocolos, deducciones, cálculos, idoneidad de la pregunta de partida, calidad de la hipótesis,...

En cuanto a los contenidos propios del trabajo experimental, en las diferentes asignaturas del área de ciencias encontramos posibilidad de desarrollar ciertos contenidos en el laboratorio.

En base a este motivo, en muchas comunidades autónomas los departamentos de Biología/Geología y Física/Química tienen un mayor número de horas de desdoble. La razón que se aduce en muchos reglamentos autonómicos es la posibilidad de llevar a los alumnos al laboratorio en grupos más reducidos. Evidentemente, este dato puede darse con más precisión en el ejercicio de oposiciones específico de cada comunidad autónoma. Sería una idea muy buena especificar el número de horas de desdoble asignables a cada departamento por número de alumnos.

No detallaremos aquí las asignaturas troncales propias del área de Ciencias, que dan pie a realizar actividades en el laboratorio en cada unidad didáctica. Estas asignaturas son propias de cada comunidad autónoma y conviene citarlas con propiedad (número de horas, curso asignado, carácter troncal/optativo,...). Conviene señalar que la posibilidad de utilizar el laboratorio no siempre es viable por cuestiones de ajuste temporal del temario. Puede sustituirse por la realización de pequeñas demostraciones experimentales en clase (que no son "trabajo experimental" sino otra modalidad dentro de la clase expositiva) o simplemente suprimirse, seleccionando 2 o 3 sesiones de laboratorio durante el curso. Esta problemática es particularmente reseñable en comunidades en las que la carga docente de estas asignaturas es de 2 horas semanales.

En muchas comunidades autónomas existe la posibilidad de introducir al alumnado en el trabajo experimental mediante asignaturas optativas, que en principio pueden ser propuestas para cualquier nivel de secundaria, que suelen tener denominaciones como "Laboratorio de Biología y Geología" y "Laboratorio de Física y Química".

En el siguiente apartado, expondré algunas de las tareas que pueden incorporase en este tipo de asignaturas.

# 3. UTILIZACIÓN DEL LABORATORIO ESCOLAR. PROPUESTAS.

Las tareas realizables en las asignaturas antes citadas pueden seguir un programa estricto. No obstante, muchos docentes prefieren disponer de una batería de recursos, ideas o propuestas experimentales, para poder realizarlas de acuerdo a otros criterios (disponibilidad de ciertos materiales, relación con algún tema visto en otras asignaturas, implicación del alumnado preparando algo en casa,...) Por ello, el enfoque que realizaré es enunciar mínimamente una serie de propuestas para realizar en un laboratorio de Biología y Geología o en las salidas al campo debidamente diseñadas como una sesión experimental (CITO SÓLO ALGUNAS. ESTA LISTA ES AMPLIABLE A CRITERIO DEL OPOSITOR)

- Estudio del relieve de una zona mediante la realización de perfiles topográficos

- Uso del microscopio petrográfico para observación de muestras geológicas

- Observación de ejemplares de minerales y rocas

- Recolección de muestra biológicas y geológicas para su posterior identificación mediante el uso de claves dicotómicas

- Ensayos bioquímicos (señalo algunos ejemplos)

  o observación de los fenómenos de turgescencia y plasmólisis en células de la epidermis de tulipán

  o separación de una muestra de azúcares mediante cromatografía en papel

  o identificación de azúcares mediante ensayos químicos: procedimientos de Fehling, Tollens, Seliwanoff y lugol

  o comprobar que el aceite y el agua son inmiscibles y que se forman emulsiones transitorias tras emulsión. Visualizar la formación de emulsiones permanentes tras adición de jabón a la mezcla.

  o identificación de diversos tipos de aceite mediante pruebas químicas: Reacción de Hauchecorne, reacción de Bellver, reacción de Badouin

  o extracción de ADN de células de cebolla

  o detección de almidón en alimentos (p.e. determinación del porcentaje cualitativo fécula/proteína de diferentes muestras de embutido)

- Realización de preparaciones biológicas para observar al microscopio

    o Observación de cloroplastos de Elodea

    o Observación del paso de células sanguíneas por los capilares de patas de rana

    o Observación de células de la epidermis de cebolla

    o Observación de cromoplastos en pulpa de tomate

    o Observación de estomas en epidermis de ajo

- Observación de micrografías y preparaciones

- Observación de objetos cotidianos mediante lupa binocular

- Estudio anatómico de ejemplares diseccionados (por ejemplo, peces)

- Estudio anatómico de la estructura de diferentes flores

- Análisis de los parámetros fisicoquímicos de calidad de las aguas

- Análisis de suelos

- Análisis de la contaminación del aire

- Etc...

Finalmente, señalar que la dotación típica de un laboratorio de biología y geología es muy variable y depende en gran medida del enfoque que quiera darle el personal fijo de dicho departamento. Encontramos departamentos que utilizan escasamente los materiales aportados por la administración, otros que prefieren reciclar instrumentos, recipientes,... que los mismos alumnos pueden aportar; otros que realizan muchas prácticas con reactivos químicos; algunos que prefieren implicar a los alumnos y emplear materiales más (muestras de peces, rocas, algas, agua contaminada,...). POR ESTA GRAN VARIABILIDAD, NO ME PARECE ADECUADO REALIZAR UNA DESCRIPCIÓN EXHAUSTIVA DE MATERIALES DE LABORATORIO. SI SE HACE RIGUROSAMENTE, SERÍA INTERMINABLE. MEJOR, QUE CADA OPOSITOR ESPECIFIQUE EL MATERIAL SEGÚN EL TIPO DE PRÁCTICAS QUE HA ESCOGIDO ANTERIORMENTE.

# 4. UTILIZACIÓN DEL LABORATORIO ESCOLAR. NORMAS DE SEGURIDAD.

El laboratorio debe ser un lugar seguro para trabajar en el que ha de extremarse la disciplina. No obstante, esta disciplina nunca debe convertirse en una rigidez que, a la postre, mantiene a los alumnos en un estado de tensión que en nada favorece la espontaneidad necesaria para la comprensión y/o desarrollo de todo procedimiento experimental.

Podría decirse que la mayoría de los peligros existentes en un laboratorio de secundaria tienen que ver con la manipulación de reactivos químicos, material de vidrio y relaciones con la corriente eléctrica. Evidentemente, otras circunstancias pueden representar un peligro, pero estas ejemplifican muy bien una situación de máximo peligro y sobre ellas trataré de exponer unas breves normas. Resulta claro que muchas prácticas no requerirán una precaución tan extrema:

- Es indispensable el uso de bata (durante casi toda la práctica), guantes (al manipular productos cáusticos o tóxicos) y gafas de seguridad (al manipular reactivos, y sobre todo, al calentarlos a la llama).
- Deben retirarse los accesorios personales que conlleven riesgos de accidentes mecánicos, químicos o por fuego (anillos pulseras, collares, gorras,...).

- No deben llevarse lentillas sin gafas protectoras, dado que las lentillas retienen las sustancias corrosivas en el ojo impidiendo su lavado rápido.

- Los alumnos se guardarán de beber o comer en el laboratorio, por el posible riesgo de ingestión de productos nocivos.

- En la manipulación de fuego, el pelo ha de llevarse recogido.

- El alumno ha de conocer la toxicidad y riesgos de todos los compuestos con los que se trabaje, antes de usarlos.

- Nunca debe pipetearse un líquido con la boca. Se emplearán otros dispositivos.

- Es conveniente que sobre la mesa del laboratorio quede sólo el material necesario para la sesión.

- Debe cerrarse inmediatamente tras su uso cualquier reactivo. Además, los tapones han de depositarse boca arriba en la mesa.

- El trabajo con gases debe realizarse en vitrinas cerradas. Si el instituto no dispone de ellas, deberán evitarse este tipo de prácticas.

- Debe evitarse la cercanía de los productos inflamables a las llamas.

- Tras el derrame de un reactivo, se actuará con calma dejando el lugar limpio lo antes posible. Si se trata de sustancias básicas, deben neutralizarse con un ácido débil (por ej. ácido cítrico), si son sustancias ácidas, con una base débil (bicarbonato sódico).

- Los residuos deben tratarse adecuadamente (contenedores, neutralización,....) y nunca ser vertidos directamente a la circulación general.

- El procedimiento de calentar sustancias a la llama será siempre suave.

# 5. CONCLUSIÓN

En mi exposición, he tratado de ilustrar la importancia del trabajo experimental de cara al avance del conocimiento científico. En esta forma de conocimiento, cuyas reglas se expresan en el método científico que he explicado, conviene formar a nuestros alumnos. Resulta esencial el desarrollo de las actitudes propias de las personas de ciencia (ánimo para trabajar, curiosidad, capacidad de observar y hacerse preguntas, sinceridad, desprendimiento de la propia idea, orden en el trabajo, precisión,...)

En la enseñanza secundaria, las asignaturas comunes del área de ciencias, y algunas asignaturas optativas, ofrecen espacios idóneos para el desarrollo de esta tarea.

He señalado algunas prácticas posibles para realizar en el laboratorio de ciencias naturales, así como algunas de las precauciones básicas en las que insistiremos para evitar accidentes.

Con esto, doy por concluida mi exposición, agradeciendo la atención prestada.

## Bibliografía útil:

ALCAMÍ, J. y otros (2002) "Biología – 2º bachillerato", Ed. SM

BENADERO, A. y GOMIS SÁNCHEZ, J.J. (2005) "Laboratorio de biología y geología", 2ªed, Ed. Club Universitario

OLIVA MARTÍNEZ, J.M. y ACEVEDO DÍAZ, J.A. (2005) "La enseñanza de las ciencias en primaria y secundaria hoy. Algunas propuestas de futuro" Revista Eureka sobre enseñanza y divulgación de las ciencias, 2, 241

VAN CLEAVE, J.P. (1987) "Juegos de física", Ed. Labor

VVAA (publicación periódica) "ALAMBIQUE: DIDÁCTICA DE LAS CIENCIAS EXPERIMENTALES", Ed. Graó

VVAA (publicación periódica) "CIÈNCIES", Universitat Autònoma de Barcelona